"创新设计思维"
数字媒体与艺术设计类新形态丛书

邓江洪◎主编

张秋鸣 曾步衢◎副主编

U0237041

Photoshop

2024

平面设计基础教程

◆全彩微课版◆

人民邮电出版社
北 京

图书在版编目（CIP）数据

Photoshop 2024平面设计基础教程：全彩微课版 / 邓江洪主编. -- 北京：人民邮电出版社，2024.

（"创新设计思维"数字媒体与艺术设计类新形态丛书）.

ISBN 978-7-115-64913-3

Ⅰ．TP391.413

中国国家版本馆CIP数据核字第2024R73R98号

内 容 提 要

本书是学习Photoshop操作、技巧和实战的基础教程，能帮助读者轻松、高效地掌握Photoshop在平面设计、电商设计、UI设计、照片编辑等领域的应用技术。本书共包含12章，内容包括Photoshop必备知识和基本操作、AI插件Firefly智能生成填充、图层、选区、绘画和图像修饰、调色、文字、路径与矢量工具、蒙版、通道、滤镜、综合案例。

本书可以作为各类院校数字媒体艺术、视觉传达设计、环境设计等专业图像处理课程的教材，也可以作为Photoshop初学者的自学指导书，还可以作为相关行业工作人员的参考书。

♦ 主　　编　邓江洪

副 主 编　张秋鸣　曾步衢

责任编辑　韦雅雪

责任印制　陈　犇

♦ 人民邮电出版社出版发行　　北京市丰台区成寿寺路11号

邮编　100164　电子邮件　315@ptpress.com.cn

网址　https://www.ptpress.com.cn

北京印匠彩色印刷有限公司印刷

♦ 开本：787×1092　1/16

印张：15　　　　　　　　　2024年11月第1版

字数：450千字　　　　　　　2024年11月北京第1次印刷

定价：79.80元

读者服务热线：**(010)81055256**　印装质量热线：**(010)81055316**

反盗版热线：**(010)81055315**

广告经营许可证：京东市监广登字20170147号

C O N T E N T S  前言

　　Photoshop是一款优秀的图像处理软件，它具有非常强大的图像编辑、颜色校正、图像合成、文字排版功能，被广泛应用于数字图像处理、广告设计、UI设计、网页设计、包装设计、书籍设计、摄影后期制作等领域。"Photoshop平面设计"是很多艺术设计相关专业的重要课程。党的二十大报告中提到："教育、科技、人才是全面建设社会主义现代化国家的基础性、战略性支撑。"为了促进广大院校培养优秀的平面设计人才，本书力求通过多个实例由浅入深地讲解用Photoshop进行平面设计的方法和技巧，帮助教师开展教学工作，同时帮助读者掌握实战技能、提高设计能力。

内容特色

　　本书的内容特色主要包括以下4个方面。

　　体系完整，讲解全面。本书条理清晰、内容丰富，从Photoshop的基础知识入手，由浅入深、循序渐进地介绍Photoshop 的各项操作，并对综合案例进行讲解。

　　案例丰富，步骤详细。本书精选了大量典型的案例，仔细拆解案例操作步骤，辅以大量图片、微课演示，便于读者理解、阅读，从而更好地学习和掌握Photoshop的各项操作。

　　学练结合，实用性强。本书设置了大量与章节内容联系紧密的章节练习任务，帮助读者理解和巩固所学知识，具有较强的操作性和实用性。

　　内容新颖，符合趋势。本书紧跟软件版本更新的节奏，采用Photoshop 2024版本进行编写，并结合AI绘画的热潮，对Photoshop 2024新加入的强大的AI处理图像插件——Firefly，进行了专门强调，符合院校当前的教学需求。

教学环节

　　本书精心设计了"基础知识+课堂案例+软件功能+课后习题+综合案例"等环节，帮助读者全方位掌握Photoshop平面设计的方法和技巧。

　　基础知识：对Photoshop的操作界面、基础概念、文件和图像的基本操作等进行介绍，让读者对使用Photoshop进行平面设计有基本的了解。

课堂案例：结合行业热点，用典型案例引入知识点，注重培养读者的学习兴趣，提升读者对知识点的理解与应用能力。

软件功能：结合课堂案例，进一步讲解Photoshop的软件功能，包括工具、命令等的使用方法，从而让读者深入掌握Photoshop平面设计的相关操作。

课后习题：精心设计有针对性的课后习题，让读者同步进行训练，进一步培养读者独立完成平面设计任务的能力。

综合案例：设置综合案例，全面提升读者的实际应用能力。

配套资源

本书提供了丰富的配套资源，读者可登录人邮教育社区（www.ryjiaoyu.com），在本书页面中下载。

微课视频：本书所有案例配套微课视频，扫码即可观看，支持线上线下混合式教学。

素材和效果文件：本书提供了所有案例需要的素材和效果文件，素材和效果文件均以案例名称命名。

素材文件　　效果文件

教学辅助文件：本书提供PPT课件、教学大纲、教学教案、拓展案例等。

PPT课件　　教学大纲　　教学教案　　拓展案例

编者

2024年7月

CONTENTS 目录

第3章 图层

第4章 选区

第5章 绘画和图像修饰

第1章 > Photoshop 必备知识和基本操作

本章导读

本章主要学习 Photoshop 的操作界面、必备的基础概念、常见基础工具、图像文件的基本操作、图像和画布调整、辅助工具以及图像的变换与裁剪等知识。

本章学习要点

- 操作界面
- 必备的基础概念
- 常见基础工具
- 图像文件的基本操作

- 图像和画布调整
- 辅助工具
- 图像的还原与裁剪
- 图像的变换

1.1 Photoshop的操作界面

1.1.1 课堂案例：自定义一个适合自己的工作区

实例位置	实例文件>CH01>简单背景图像扩展填充.psd
素材位置	素材文件>CH01>素材01.jpg
技术掌握	工作区认识

微课视频

本案例自定义一个适合自己的工作区，以简化工作流程，提高工作效率，最终效果如图1-1所示。

图1-2

（2）执行"文件>打开"菜单命令，在弹出的对话框中选择"素材文件>CH01>素材01"文件，效果如图1-3所示，此时显示的工作区为具有基本功能的工作区。

图1-1

操作步骤

（1）双击Photoshop图标打开Photoshop，Photoshop软件界面如图1-2所示。

图1-3

（3）单击图1-4所示基本工作区右上角的"选择工作区"图标，在弹出的图1-5所示的选项卡中选择"绘画"选项，选择后的工作区如

图1-6所示，左侧的浮动面板包括色板、画笔、图层等与绘画相关的面板，这会在修图工作中极大地提高工作效率。

图1-4

图1-5

图1-6

1.1.2 主页屏幕

启动Photoshop软件后可显示主屏幕，如图1-7所示，登录账号后，主屏幕包含以下内容。

图1-7

主屏幕右侧显示Photoshop自带的教程和最近打开的文档。如果需要，可以自由设置显示最

近打开文件的数量。执行"编辑>首选项>文件处理"菜单命令，然后在近期文件列表包含字段中指定所需的数值（0~100）即可。

主屏幕左侧显示以下选项卡和按钮。

●新文件：单击此按钮可新建一个文档，如图1-8所示，可以选择Photoshop中众多可用的模板和预设来创建文档。

图1-8

●打开：单击此按钮可打开Photoshop中的现有文档，如图1-9所示。

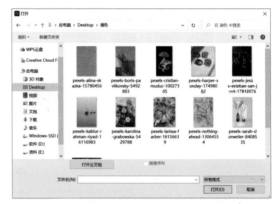

图1-9

●主页：单击此选项卡可打开主屏幕，如图1-10所示。

图1-10

●学习：单击此选项卡可在Photoshop中打开基础和高级教程列表，如图1-11所示。通过

这些教程，用户可以了解该应用程序的入门知识，以及各种有助于自己快速学习和理解概念、工作流程、技巧和窍门的教程。

图1-11

图1-12

• 软件云文档："您的文件""已与您共享""已删除"是Photoshop云文档包含的内容。云文档是Adobe新推出的原生云文档文件类型，可直接从Photoshop应用程序中联机或脱机访问。用户可以跨设备访问云文档，同时，所做的编辑会通过云自动存储。

主屏幕右上角显示以下选项卡和按钮。

• 已保存：可以查看云储存使用情况，如图1-12所示。

• 搜索：可以搜索所需问题、教程、技巧等，如图1-13所示。

• 新增功能：此版本Photoshop相对上一版本有关新功能的信息，如图1-14所示。

图1-13

图1-14

小提示

在处理Photoshop文档期间随时可以访问主屏幕，只需单击图1-15所示选项栏中的"主页"图标 ⌂ 即可，要退出主页屏幕，只需按Esc键即可。

图1-15

启动Photoshop，当用户通过主页屏幕打开任意图像后，即进入Photoshop的工作界面，可以看到工作界面由菜单栏、选项栏、工具箱、状态栏、图像窗口，以及各式各样的浮动面板组成，如图1-16所示。用户可以使用各种元素（如面板、栏及窗口）来创建和处理文档，这些元素的任何排列方式都称为工作区。

Ps标志　菜单栏　　选项栏

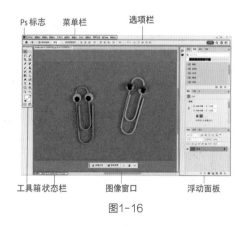

工具箱状态栏　　图像窗口　　浮动面板

图1-16

1.1.3 菜单栏

Photoshop2024的菜单栏包括12组菜单，分别是文件、编辑、图像、图层、文字、选择、滤镜、3D、视图、增效工具、窗口和帮助，如图1-17所示。单击相应的菜单，即可打开该菜单下的命令，例如，执行"图像>调整>色相/饱和度"菜单命令，效果如图1-18所示。

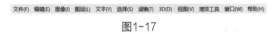
图1-17

图1-18

1.1.4 图像窗口

图像窗口是显示打开图像的地方，如图1-19所示。图像窗口的选项卡中会显示这个文件的名称、格式、窗口缩放比例和颜色模式等信息。如果只打开了一张图像，则只有一个图像窗口，如图1-20所示；如果打开了多张图像，则图像窗口会按选项卡的方式显示，如图1-21所示。单击某个图像窗口的选项卡即可将其设置为当前工作窗口。

图1-19

图1-20

图1-21

💡 **小提示**

在默认情况下，打开的所有文件都会以停放为选项卡的方式紧挨在一起。按住鼠标左键拖曳图像窗口的标题栏，可以将其设置为浮动窗口，如图1-22所示；按住鼠标左键将浮动图像窗口的标题栏拖到选项卡中，图像窗口会停放到选项卡中，如图1-23所示。

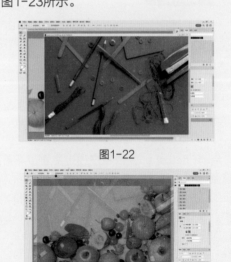
图1-22

图1-23

1. 重新排列、停放或浮动"文档"窗口

打开多个文件时，"文档"窗口将以选项卡方式显示，如图1-24所示。

若要重新排列选项卡式"文档"窗口，则将某个窗口的选项卡拖曳到组中的新位置，如图1-25所示。

图1-24

图1-25

2. 停放或浮动"文档"窗口

要从窗口组中取消停放（浮动或取消显示）某个"文档"窗口，如图1-26所示，将该窗口的选项卡从组中拖出即可。

图1-26

小提示

还可以执行"窗口">"排列">"在窗口中浮动"菜单命令，浮动单个"文档"窗口，或执行"窗口">"排列">"使所有内容在窗口中浮动"菜单命令，同时浮动所有"文档"窗口，如图1-27所示。

图1-27

如图1-28所示，要将某个"文档"窗口停放在单独的"文档"窗口组中，请将该窗口拖到该组中，效果如图1-29所示。

图1-28

图1-29

要创建堆叠或平铺的文档组，执行"窗口">"排列">"堆积/平铺"菜单命令，效果如图1-30、图1-31所示。

图1-30

图1-31

1.1.5 工具箱

工具箱中集合了Photoshop的大部分工具，这些工具共分为8组，分别是选择工具、裁剪与切片工具、吸管与测量工具、修饰工具、绘画工具、文字工具、路径与矢量工具和导航工具，外加一组设置前景色和背景色的图标与切换模式图标，另外还有一个特殊工具"以快速蒙版模式编辑" □，如图1-32所示。单击某个工具，即可选择该工具，如果工具的右下角带有三角形图标，则表示这是一个工具组，在工具上单击鼠标右键可弹出隐藏的工具，图1-33所示为工具箱中的所有隐藏工具。

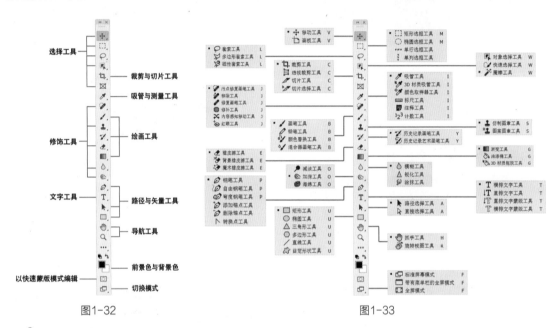

图1-32   图1-33

💡 **小提示**

工具箱可以折叠起来，单击工具箱顶部的折叠 »» 图标，可以将其折叠为双栏，如图1-34所示，同时折叠 »» 图标变成展开 «« 图标，再次单击，可以将其还原为单栏。另外，可以将图1-35所示的停靠状态的工具箱设置为浮动状态，方法是将鼠标指针放置在 ‖‖‖‖‖‖ 图标上，然后按住左键进行拖曳即可，如图1-36所示（将工具箱拖到原处，可以将其还原为停靠状态）。

图1-34   图1-35   图1-36

1.1.6 选项栏

选项栏主要用来设置工具的参数选项，不同工具有不同的选项栏。例如，选择对象选择工具时，其选项栏如图1-37所示。

图1-37

1.1.7 状态栏

状态栏位于工作界面最底部，显示当前文档的大小、尺寸，当前工具和窗口缩放比例等信息，单击状态栏中的箭头图标，可设置要显示的内容，如图1-38所示。

图1-38

1.1.8 浮动面板

Photoshop有很多面板，这些面板主要用来配合图像的编辑、对操作进行控制，以及设置参数等。执行"窗口"菜单下的命令即可打开所需面板，如图1-39所示。例如，执行"窗口>样式"菜单命令，使"样式"命令处于勾选状态，就可以在工作界面中显示出图1-40所示的"样式"面板。

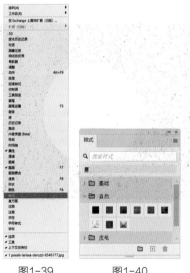

图1-39　　　　　图1-40

1. 折叠/展开与关闭面板

在默认情况下，面板都处于展开状态，如图1-41所示。单击面板右上角的折叠图标 «，可以将面板折叠起来，同时折叠图标 « 会变成展开图标 »»（单击该图标可以展开面板），如图1-42所示。单击关闭图标 ×，可以关闭面板。

图1-41　　　　图1-42

小提示

如果不小心关闭了某个面板，还可以将其重新调出来。以"颜色"面板为例，执行"窗口>颜色"菜单命令或按F6键重新将其调出来。

2. 拆分面板

在默认情况下，面板以面板组的形式显示在工作界面中，例如，"色板"面板和"渐变"面板就是组合在一起的，如图1-43所示。要将其中某个面板拖出来形成一个单独的面板，可以将鼠标指针放置在面板名称上，然后按住左键并拖曳面板，将其拖出面板组，如图1-44和图1-45所示。

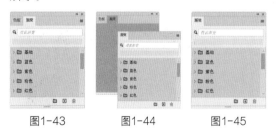

图1-43　　　　图1-44　　　　图1-45

3. 组合面板

如果要将图1-46所示的单独的一个面板与其他面板组合在一起，可以将鼠标指针放置在该面板的名称上，然后将其拖到要组合的面板名称上，如图1-47所示，即可得到图1-48所示的效果。

图1-46

图1-47

图1-48

4. 打开面板菜单

每个面板的右上角都有一个 ▤ 图标，单击该图标可以打开该面板的菜单选项，如图1-49所示。

图1-49

1.2 Photoshop相关的基础概念

位图与矢量图像、像素与分辨率、图层、选区、路径、滤镜、蒙版、通道、抠图、调色、合成等概念在学习Photoshop的过程中经常出现，本节简单了解这些必备的基础概念，为后期学习打好基础。

1.2.1 课堂案例：给夜空加上一轮圆月

实例位置	实例文件>CH01>给夜空加上一轮圆月.psd
素材位置	素材文件>CH01>素材02.jpg、素材03.jpg
技术掌握	Photoshop 2024操作界面及简单的菜单操作

微课视频

本案例利用一个简单的合成操作，熟悉Photoshop 2024的操作界面及简单的菜单操作，图像合成后的最终效果如图1-50所示。

图1-50

操作步骤

（1）打开Photoshop，执行"文件>打开"菜单命令，在弹出的对话框中选择"素材文件>CH01>素材02"文件，效果如图1-51所示。

（2）用同样的方式打开素材03文件，效果如图1-52所示。

图1-51

图1-52

（3）选择移动工具，将"素材03"拖到"素材02"中，得到图1-53所示的效果，在"图层"面板中生成图1-54所示的"图层1"。

图1-53 图1-54

（4）在"图层"面板中将"图层1"的混合模式修改为"变亮"，如图1-55所示，得到图1-56所示的效果。

图1-55 图1-56

（5）执行"编辑>变换>缩放"菜单命令，通过调整"图层1"中图像周围的控制点缩小其大小，效果如图1-57所示。

（6）调整好大小后，单击完成按钮，然后使用移动工具将"图层1"中的图像移动到图1-58所示的位置，即可得到最终效果。

图1-57

图1-58

1.2.2 位图图像与矢量图形

矢量图形由直线和曲线构成，描述图像的几何特性，精度很高，不会失真，不会影响图像质量，而且文件较小，编辑灵活，但是表达的色彩层次整体效果不如位图图像。位图图像包含图像的位置和颜色信息，色彩丰富，能很细腻地表达图像效果。

1. 位图图像

位图图像在技术上被称为"栅格图像"，也就是通常所说的"点阵图像"。位图图像由像素组成，每个像素都会被分配一个特定位置和颜色值。相对于矢量图形，在处理位图图像时所编辑的对象是像素而不是对象或形状。

图1-59所示的素材，如果将其放大到3倍，图像就会发虚，如图1-60所示，将其放大到16倍时可以清晰地观察到图像中有很多小方块，这些小方块就是构成图像的像素，如图1-61所示。

图1-59

图1-60

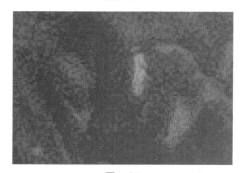

图1-61

2. 矢量图形

矢量图形也称为矢量形状或矢量对象，在数学上定义为一系列由线连接的点，例如，Illustrator、CorelDraw和CAD等软件就是以矢量图形为基础创作的。与位图图像不同，矢量图形中的图形元素称为矢量图像的对象，每个对象都是一个自成一体的实体，它具有颜色、形状、轮廓、大小和屏幕位置等属性。

无论是移动还是修改，矢量图形都不会丢失细节或影响其清晰度。调整矢量图形的大小、将矢量图形打印到任何尺寸的介质上，在PDF文件中保存矢量图形或将矢量图形导入基于矢量图形的应用程序中时，矢量图形都将保持清晰的边缘。将图1-62所示的矢量图形放大到4倍，图形很清晰，如图1-63所示，将其放大到10倍时，图形依然很清晰，如图1-64所示，这就是矢量图形的最大优势。

图1-62

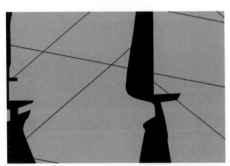

图1-63

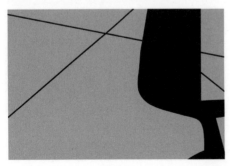

图1-64

小提示

矢量图形在设计中应用得比较广泛，如Flash动画、广告设计喷绘等（注意，常见的JPG、GIF和BMP图像都属于位图）。

1.2.3 像素与分辨率

在Photoshop中，图像的尺寸及清晰度是由图像的像素与分辨率来控制的。

1. 像素

像素是构成位图图像最基本的单位。位图图像由许多个大小相同的像素沿水平方向和垂直方向按统一的矩阵整齐排列而成。构成一幅图像的像素点越多，色彩信息越丰富，效果就越好，当然文件所占的空间也就越大。在位图中，像素的大小是指沿图像的宽度和高度测量出的像素数目。图1-65所示分别为2400×3600像素、240×360像素和24×36像素的图像，可以很清楚地看到最左边的图像效果是最好的。

图1-65

2. 分辨率

分辨率是指位图图像中的细节精细度，测量单位是像素/英寸（ppi），每英寸（1英寸≈25.4mm）的像素越多，分辨率越高。一般来说，图像的分辨率越高，印刷出来的质量就越好。例如，图1-66所示的两张内容相同的图像，左图的分辨率为300ppi，右图的分辨率为36ppi，放大图像后可以看到这两张图像的清晰度有明显的差异，左图的清晰度明显高于右图。

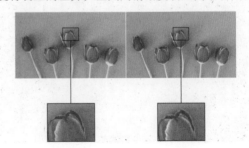

图1-66

1.2.4 图层

图层是指含有文字或图形等元素的胶片，将图层一张张叠加起来就构成了图像。如图1-67所示，将3个图形素材（灰色棋盘格表示透明）按一定顺序叠放起就得到了一个图像素材，这3张图形素材都叫图层，最终呈现的效果如图1-68所示。

图1-67

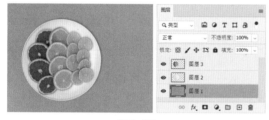

图1-68

1.2.5 选区

选区是指一个由封闭虚线围住的区域，如图1-69所示。由于选区虚线看上去像是移动的蚂蚁，所以称选区的边缘为蚂蚁线，蚂蚁线以内的部分就是选区。选区可以是正方形、长方形、圆形、植物的形状、动物的形状等规则或者不规则形状。

图1-69

 小提示

选区是封闭的区域，不存在开放的选区。

建立选区后，可对选区内的图像进行复制、删除、移动、替换、生成、扩展、抠图、调色

等操作，选区外的区域不受任何影响。例如，对图1-70所示的素材建立选区后，利用AI插件Firefly智能生成填充对选区进行智能生成，可得到图1-71所示的效果。

图1-70

图1-71

1.2.6 路径

路径是指用路径工具创建的，由直线或曲线和锚点构成的，开口或者闭合的矢量图形，如图1-72所示。利用各种路径工具绘制的各种App的图标如图1-73所示。

图1-72　　　　　图1-73

1.2.7 滤镜

Photoshop中的滤镜是一种插件模块，使用滤镜可以改变图像像素的位置和颜色，从而产生各种特殊的图像效果。比如可以利用"油画"滤镜将图1-74所示的素材处理成图1-75所示的油画效果。

图1-74

图1-75

1.2.8 蒙版

在Photoshop中，蒙版分为图层蒙版、剪贴蒙版、矢量蒙版和快速蒙版，这些蒙版都具有各自的功能。这里先简单介绍图层蒙版，在Photoshop中处理图像时，常常需要隐藏图像的一部分，图层蒙版就是这样一种可以隐藏图像的工具。在一定程度上它和橡皮擦的功能相似，它可以控制图层的显示程度，但是优于橡皮擦的地方在于，它可以擦除，也可以将已经擦除的内容擦回来，并且蒙版上的操作对原图是无损可逆的。

有图1-76所示的包含"图层1"和"背景"两个图层的图像素材，上面的"图层1"风景图层掩盖了下面的人像背景图层，只能看到上面的一个风景图层，可以给上面的图层添加图层蒙版，然后利用画笔工具将该图层的一部分擦除掉，得到图1-77所示的效果。

图1-76

图1-77

1.2.9 通道

通道是用来存储构成图像信息的灰度图像（黑白灰），它主要记录图像色彩信息，和图像的格式是密不可分的，不同的图像色彩和格式决定了通道的数量与模式，这些在"通道"面板中可以直观地看到。通过通道可建立精确的选区，多用于抠图和调色。

例如，利用通道对图1-78所示素材中的树叶建立选区调色，得到图1-79所示的效果。

图1-78   图1-79

1.2.10 抠图

抠图是指将图像中需要的部分单独分离出来，使需要的部分成为单独图层的操作。可以利用套索工具、选框工具、橡皮擦工具、快速选择工具、魔棒工具、钢笔工具、蒙版、通道等工具和方法，从图像中将需要的部分图像抠出来。

例如，将图1-80所示素材中的树木和草地抠出来，移动到其他背景素材上，得到图1-81所示的效果。

图1-80

图1-81

1.2.11 调色

调色是将图像已有的色调加以改变,形成另一种不同感觉的色调,它带有个人主观喜好,没有标准的规范。Photoshop提供了非常完美的色彩和色调调整功能,可以快捷地调整图像的色调。

例如,对图1-82所示素材中的黄色橙子调色,得到图1-83所示的红色橙子效果。

图1-82

图1-83

1.2.12 合成

合成是指将要合成的众多图像通过混合、叠加、修饰、调色等操作,最终处理成一幅完整图像的过程。图像合成一般包括制作背景、载入素材、蒙版过渡、调整光影及色彩、整体修饰等环节,针对具体的案例,并不是每个环节都必须进行,比如有些简单的合成会利用已有的背景素材,就不需要再制作背景。合成是Photoshop软件后期应用非常重要的一个板块,很多有创意、奇幻的图像都来自于后期合成。

例如,将图1-84~图1-86所示的3个素材通过融合背景、蒙版过渡、调整光影、调整色彩及整体修饰,最终合成得到图1-87所示的效果。

图1-84   图1-85

图1-86

图1-87

1.3 基础工具的使用

1.3.1 课堂案例:利用移除工具去除杂物

实例位置	实例文件>CH01>利用移除工具去除杂物.psd
素材位置	素材文件>CH01>素材04.jpg
技术掌握	移除工具

微课视频

本案例练习移除工具的使用方法，对素材中的杂物进行清除，最终效果如图1-88所示。

图1-88

操作步骤

（1）打开Photoshop，执行"文件>打开"菜单命令，在弹出的对话框中选择"素材文件>CH01>素材04"文件，效果如图1-89所示。

图1-89

（2）选择移除工具后，调整画笔大小为250左右，如图1-90所示。

图1-90

（3）在图像窗口中对素材中破旧的汽车进行涂抹（覆盖汽车即可），如图1-91所示，松开鼠标即可得到图1-92所示的效果。

图1-91

图1-92

1.3.2 工具箱

在Photoshop软件中，工具箱中的工具主要用来选择、绘画、编辑以及查看图像等操作，每种工具都有自己独特的功能和使用方法，在学习时需要对比记忆。

1.3.3 选择工具

选择工具包括移动工具、选框工具、套索工具、快速选择工具、魔棒工具、对象选择工具和图框工具等。

1. 移动工具

移动工具可移动选区、图层和参考线等。图1-93为具有两个图层的图像，选择"图层1"后，可使用移动工具对其进行移动，如图1-94所示。

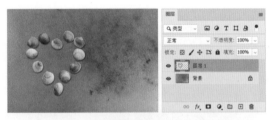

图1-93

图1-94

2. 选框工具

选框工具可建立矩形、椭圆、单行和单列选区。使用矩形选框工具为图像中的屏幕创建选区，如图1-95所示，再对选区内容添加一个渐变调色，得到图1-96所示的效果。

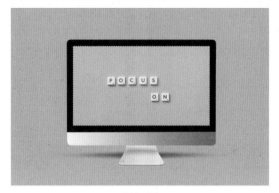

图1-95

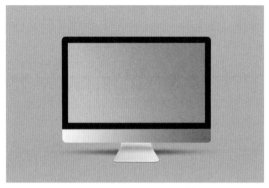

图1-96

3. 套索工具

套索工具可建立手绘图、多边形（直边）和磁性（紧贴）选区。使用套索工具为图像中的盘子创建选区，如图1-97所示，再对选区内容进行复制、移动，得到图1-98所示的效果。

4. 快速选择工具

快速选择工具可使用户使用可调整的圆形画笔笔尖快速绘制选区。然后使用套索工具给选中的图像创建选区，如图1-99所示，再对选区内容进行调色，得到图1-100所示的效果。

图1-97

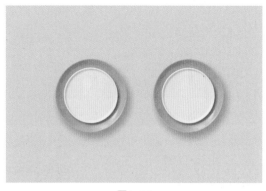

图1-98

图1-99

图1-100

5. 魔棒工具

魔棒工具可选择着色（颜色）相近的区域创建选区。使用魔棒工具将图像中颜色相近的背景创建为选区，如图1-101所示，再对选区内容进行调色，得到图1-102所示的效果。

6. 对象选择工具

对象选择工具可以智能查找并自动选择对象。如图1-103所示，使用对象选择工具单击图像中的花束可将它创建为选区，再对选区内容进行复制、移动，得到图1-104所示的效果。

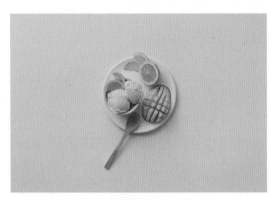

图1-101

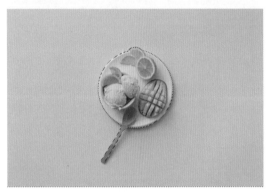

图1-102

图1-103

图1-104

7. 图框工具

图框工具可以为图像创建占位符图框。如图1-105所示，使用图框工具创建占位符，将新素材拖入占位符图框，得到图1-106所示的效果。

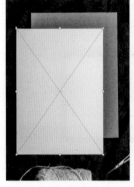

图1-105　　　　　　　　图1-106

1.3.4　裁剪和切片工具

裁剪和切片工具包括裁剪工具、透视裁剪工具、切片工具和切片选择工具等。

1. 裁剪工具

裁剪工具可裁切图像。使用裁剪工具可以将图1-107所示的横版图像裁剪成图1-108所示的竖版效果。

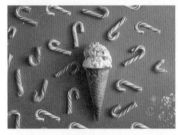 

图1-107　　　　　　　　图1-108

2. 切片工具

切片工具可以为图像创建切片。使用切片工具可以将图1-109所示的图像切成图1-110所示的5块。

图1-109　　　　　　　　图1-110

3. 切片选择工具

切片选择工具可选择切片。如图1-111所示，使用切片工具将图像切片后，可使用切片选择工具对切片进行选择，图1-112所示为选择右下角的第4块切片（切片周围出现控制点）。

图1-111　　　　　图1-112

1.3.5 修饰工具

修饰工具包括污点修复画笔工具、移除工具、修复画笔工具、修补工具、红眼工具、仿制图章工具、图案图章工具、橡皮擦工具、背景橡皮擦工具、魔术橡皮擦工具、模糊工具、锐化工具、涂抹工具、减淡工具、加深工具和海绵工具等。

污点修复画笔工具可以移去污点和对象；移除工具可以移除对象、人物和瑕疵等干扰因素或不需要的区域；修复画笔工具可以利用样本或图案修复图像中不理想的部分；修补工具可以利用样本或图案修复所选图像区域中不理想的部分；红眼工具可以移去由闪光灯导致的红色反光；仿制图章工具可以利用图像的样本来绘画；图案图章工具可以使用图像的一部分作为图案来绘画；橡皮擦工具可以抹除像素并将图像的局部恢复到以前存储的状态；背景橡皮擦工具可通过拖曳鼠标将区域擦抹为透明区域；魔术橡皮擦工具只需单击一次，即可将纯色区域擦抹为透明区域；模糊工具可以对图像中的硬边缘进行模糊处理；锐化工具可以锐化图像中的柔边缘；涂抹工具可以涂抹图像中的数据；减淡工具可使图像中的区域变亮；加深工具可使图像中的区域变暗；海绵工具可更改区域的颜色饱和度。

1.3.6 绘画工具

绘画工具包括画笔工具、铅笔工具、颜色替换工具、混合器画笔工具、历史记录画笔工具、历史记录艺术画笔工具、渐变工具和油漆桶工具等。

画笔工具可绘制画笔描边；铅笔工具可绘制硬边描边；颜色替换工具可将选定颜色替换为新颜色；混合器画笔工具可模拟真实的绘画技术（如混合画布颜色和使用不同的绘画湿度）；历史记录画笔工具可将选定状态或快照的副本绘制到当前图像窗口中；历史记录艺术画笔工具可使用选定状态或快照，采用模拟不同绘画风格的风格化描边进行绘画；渐变工具可创建直线形、放射形、斜角形、反射形和菱形的颜色混合效果；油漆桶工具可使用前景色填充着色相近的区域。

1.3.7 绘图和文字工具

绘图和文字工具包括路径选择工具、文字工具、文字蒙版工具、钢笔工具、形状工具、直线工具和自定形状工具等。

路径选择工具可建立显示锚点、方向线和方向点的形状或线段选区；文字工具可在图像上创建文字；文字蒙版工具可创建文字形状的选区；钢笔工具可绘制边缘平滑的路径；形状工具和直线工具可在正常图层或形状图层中绘制形状和直线；自定形状工具可创建从自定形状列表中选择的自定形状。

1.3.8 导航、注释和测量工具

导航、注释和测量工具包括抓手工具、旋转视图工具、缩放工具、注释工具、吸管工具、颜色取样器工具和计数工具等。

抓手工具可在图像窗口内移动图像；旋转视图工具可在不破坏原图像的前提下旋转画布；缩放工具可放大和缩小图像的视图；注释工具可为图像添加注释；吸管工具可提取图像的色样；颜色取样器工具最多显示四个区域的颜色值；标尺工具可测量距离、位置和角度；计数工具可统计图像中对象的个数。

1.4　图像文件的基本操作

1.4.1 课堂案例：将图像调色后存储为要求的格式

实例位置	实例文件>CH01>将图像调色后存储为要求格式.psd	微课视频
素材位置	素材文件>CH01>素材05.jpg	
技术掌握	色相/饱和度调色	

本案例通过"色相/饱和度"调色命令，将偏绿的一张风景照调整成偏紫色调，并存储为JPG格式，案例最终效果如图1-113所示。

图1-113

操作步骤

（1）打开Photoshop，执行"文件>打开"菜单命令，在弹出的对话框中选择"素材文件>CH01>素材05"文件，效果如图1-114所示。

图1-114

（2）执行"图像>调整>色相/饱和度"菜单命令，打开图1-115所示的"色相/饱和度"对话框。

图1-115

（3）如图1-116所示，将色相滑块拖到+175位置，得到图1-117所示的偏紫色调。

图1-116

图1-117

（4）执行"文件>存储副本"菜单命令，在打开的"存储副本"对话框中，设置图像保存类型为JPG即可，如图1-118所示。

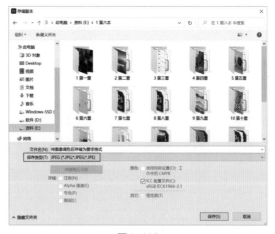

图1-118

1.4.2 新建文件

在通常情况下，要处理一张已有的图像，只需要将现有图像在Photoshop中打开即可。但是如果是制作一张新图像，就需要在Photoshop中新建一个文件。执行"文件>新建"菜单命令或按Ctrl+N组合键，打开图1-119所示的"新建"对话框。在该对话框中可以设置文件的名称、尺寸、分辨率和颜色模式等。

图1-119

● 名称：设置文件的名称，默认情况下的文件名为"未标题-1"。

● 预设：选择一些内置的常用尺寸，对话框顶部包括"最近使用项""已保存""照片""打印""图稿和插图""Web""移动设备"和"胶片和视频"8个预设选项，如图1-120所示。

图1-120

● 宽度/高度：设置文件的宽度和高度，其单位有"像素""英寸""厘米""毫米""点"和"派卡"6种，如图1-121所示。

● 分辨率：设置文件的分辨率大小，其单位有"像素/英寸"和"像素/厘米"两种，如图1-122所示。在一般情况下，图像的分辨率越高，印刷出来的质量就越好。

图1-121   图1-122

● 颜色模式：设置文件的颜色模式及相应的颜色深度。颜色模式包括"位图""灰度""RGB颜色""CMYK颜色"和"Lab颜色"5种，如图1-123所示；颜色深度可以选择"8bit""16bit"或"32bit"，如图1-124所示。

图1-123   图1-124

● 背景内容：设置文件的背景内容，有"白色""黑色""背景色""透明"和"自定义"5个选项，如图1-125所示。

图1-125

 小提示

如果设置"背景内容"为"白色"，那么新建文件的背景色为白色；如果设置"背景内容"为"背景色"，那么新建文件的背景色是Photoshop当前设置的背景色。

1.4.3 打开文件

前面介绍了新建文件的方法，如果需要对已有的图像文件进行编辑，就需要在Photoshop软件中将其打开才能进行操作。

1. 用打开命令打开文件

执行"文件>打开"菜单命令或按Ctrl+O组合键，在弹出的"打开"对话框中选择需要打开的文件，单击"打开"按钮或双击文件，即可在Photoshop中打开该文件，如图1-126所示。

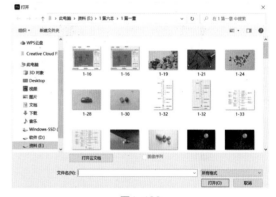

图1-126

小提示

在打开文件时如果找不到需要的文件，则可能有以下两个原因。

（1）Photoshop不支持这个文件格式。

（2）"文件类型"没有设置正确，例如，设置"文件类型"为JPG格式，那么在"打开"对话框中就只能显示这种格式的图像文件，这时可以设置"文件类型"为"所有格式"查看所有格式的文件（前提是计算机中存在该文件）。

2. 用快捷方式打开文件

利用快捷方式打开文件的方法主要有以下3种。

（1）选择一个需要打开的文件，然后将其拖到Photoshop的快捷图标上，如图1-127所示。

图1-127

（2）选择一个需要打开的文件，单击鼠标右键，在弹出的快捷菜单中选择"打开方式>Adobe Photoshop 2024"命令，如图1-128所示。

（3）如果已经运行了Photoshop，就可以直接将需要打开的文件拖到Photoshop的窗口中，如图1-129所示。

图1-128

图1-129

1.4.4 编辑文件

文件的编辑包括很多内容，比如对图像素材进行裁剪、移动、修复、替换、复制、调色、合成等。比如为使图1-130所示的图像构图更加合理，对它进行裁剪，加强图像的构图效果。

（1）打开图1-131所示素材文件。

（2）单击"裁剪工具"按钮 ，此时在图像四周显示出裁剪框，如图1-132所示。

（3）拖曳裁剪框上的定界点，确定裁剪区域，如图1-133所示。

图1-130

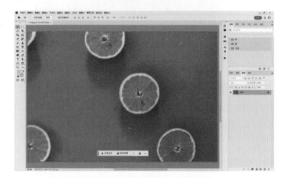

图1-131

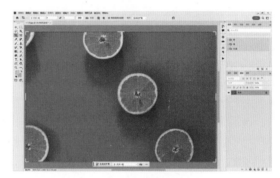

图1-132

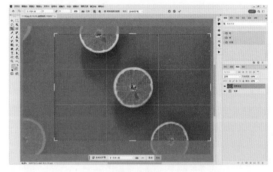

图1-133

（4）确定裁剪区域后，按Enter键（或双击左键），或在选项栏中单击"提交当前裁剪操作"按钮 完成裁剪操作，最终效果如图1-134所示。

图1-134

1.4.5 保存文件

当对图像进行编辑以后，需要保存文件。可以使用Photoshop中的"存储"命令，根据需要使用的格式或以后访问文档的方式，来存储对文档所做的更改。

1. 用"储存"命令保存文件

对文件编辑完成以后，可以执行"文件>存储"菜单命令或按Ctrl+S组合键保存文件，如图1-135所示。存储时将保留所做的更改，并替换掉上一次保存的文件，同时会按照当前格式进行保存。

图1-135

💡 **小提示**

如果是新建的一个文件，那么在执行"文件>储存"菜单命令时，Photoshop会弹出"储存为"对话框。

2. 用"储存为"命令保存文件

如果需要将文件保存到另一个位置或使用另一文件名或另外的格式进行保存，就可以执行"文件>存储为"菜单命令或按Shift+Ctrl+S组合键来完成，如图1-136所示。

在使用"存储为"命令另存文件时，Photoshop会弹出"存储为"对话框，如图1-137所示。在该对话框中可以设置储存为的文件名和格式等。

图1-136

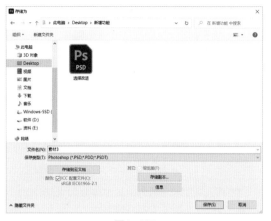

图1-137

3. 存储副本

如果要将分层文件存储为平面文件，则需要创建一个新版本的文档，这时可以执行"文件>存储副本"菜单命令或按Alt+Ctrl+S组合键来完成，如图1-138所示。此外，如果看不到所需的格式（如JPEG或PNG），则对所有格式使用"存储副本"选项即可存储需要格式的文件。

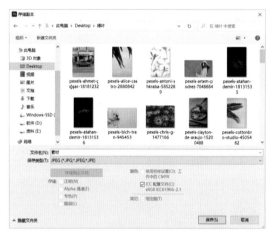

图1-138

4. 文件保存格式

文件格式就是储存图像数据的方式，它决定了图像的压缩方法、支持何种Photoshop功能以及文件是否与一些文件相兼容等。利用"储存""储存为""存储副本"命令保存图像时，可以在弹出的对话框中选择图像的保存格式，如图1-139所示。

● PSD：PSD格式是Photoshop的默认储存格式，能够保存图层、蒙版、通道、路径、未栅格化的文字和图层样式等。一般情况下，保存文件都采用这种格式，以便随时修改。

图1-139

　　• GIF：GIF格式是输出图像到网页最常用的格式。GIF格式采用LZW压缩，它支持透明背景和动画，被广泛应用在网络中。

　　• JPEG：JPEG格式是平时最常用的一种图像格式。它是最有效、最基本的有损压缩格式，被绝大多数的图形处理软件所支持。

　　• PNG：PNG格式是专门为Web开发的，它是一种将图像压缩到Web上的文件格式。PNG格式与GIF格式不同的是，PNG格式支持24位图像并产生无锯齿状的透明背景。

　　• TIFF：TIFF格式是一种通用的文件格式，所有的绘画、图像编辑和排版程序都支持该格式，而且几乎所有的桌面扫描仪都可以产生TIFF图像。TIFF格式支持具有Alpha通道的CMYK、RGB、Lab、索引颜色和灰度模式图像，以及没有Alpha通道的位图模式图像。Photoshop可以在TIFF文件中存储图层和通道，但是如果在另外一个应用程序中打开该文件，那么只有拼合图像才是可见的。

1.4.6 关闭文件

　　编辑完图像以后，需要保存并关闭文件。Photoshop提供了4种关闭文件的方法，如图1-140所示。

　　• 关闭：执行该命令或按Ctrl+W组合键，可以关闭当前处于激活状态的文件。使用这种方法关闭文件时，其他文件将不受任何影响。

　　• 关闭全部：执行该命令或按Alt+Ctrl+W组合键，可以关闭所有文件。

　　• 退出：执行该命令或者单击Photoshop操作界面右上角的"关闭"按钮 ，可以关闭所有文件并退出Photoshop。

图1-140

1.5 图像和画布大小的调整

　　"图像大小"命令主要用来设置图像的打印尺寸，画布是指整个文档的工作区域。

1.5.1 课堂案例：按要求修改图像尺寸

实例位置	实例文件>CH01>按要求修改图像尺寸.psd
素材位置	素材文件>CH01>素材06.jpg
技术掌握	调整图像尺寸

微课视频

本案例要求将给出的素材顺时针旋转90度，宽高修改为2000×3000像素，分辨率修改为36像素/英寸，本案例最终效果如图1-141所示。

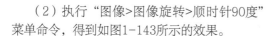

图1-141

操作步骤

（1）打开Photoshop，执行"文件>打开"菜单命令，在弹出的对话框中选择"素材文件>CH01>素材06"文件，效果如图1-142所示。

（2）执行"图像>图像旋转>顺时针90度"菜单命令，得到如图1-143所示的效果。

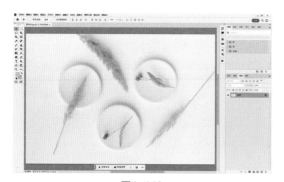

图1-142

图1-143

（3）执行"图像>图像大小"菜单命令，在弹出的"图像大小"对话框中可以看到该图像的尺寸为3879×5812像素，分辨率为72像素/英寸，如图1-444所示。

（4）在"图像大小"对话框中设置图像的宽度和高度分别为2000像素和300像素，分辨率为36像素/英寸，如图1-145所示。

（5）单击"确定"按钮，最终效果如图1-146所示。

图1-144

图1-145

图1-146

1.5.2 调整图像大小

打开一张图像，执行"图像>图像大小"菜单命令或按Alt+Ctrl+I组合键，打开"图像大小"对话框，如图1-147所示。在"图像大小"对话框中可更改图像的尺寸，减小文档的"宽度"和"高度"会减少像素数量，此时虽然图像变小，但画面质量仍然不变，如图1-148所示；若提高文档的分辨率，则会增加新的像素，此时虽然图像尺寸变大，但画面的质量会下降，如图1-149所示。

图1-147

图1-148

图1-149

小提示

　　修改图像大小（单位为像素）后，新文件的大小会出现在对话框顶部，旧文件大小在括号内显示。

1.5.3 调整画布大小

　　画布是指整个文档的工作区域，如图1-150所示。执行"图像>画布大小"菜单命令或按Alt+Ctrl+C组合键，打开"画布大小"对话框，如图1-151所示。在该对话框中可以对画布的宽度、高度、定位和扩展颜色进行调整。

图1-150

图1-151

1.5.4 当前画布大小

　　"画布大小"对话框的"当前大小"选项组中显示文档的实际大小，以及图像宽度和高度的实际尺寸，如图1-152所示。

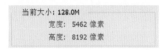

图1-152

1.5.5 新建画布大小

　　"新建大小"是指修改画布尺寸后的大小。当输入的"宽度"和"高度"值大于原始画布尺寸时，会增大画布，如图1-153所示；当输入的"宽度"和"高度"值小于原始画布尺寸时，Photoshop会裁掉超出画布区域的图像，如图1-154所示。

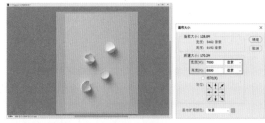

图1-153

图1-154

小提示

　　当新画布小于当前画布时，Photoshop会对当前画布进行裁切，并且在裁切前弹出警告对话框，如图1-155所示，提醒用户是否进行裁切操作，单击"继续"按钮将进行裁切，单击"取消"按钮将不裁切。

图1-155

1.5.6 画布扩展颜色

"画布扩展颜色"是指填充新画布的颜色，只针对背景图层的操作，如果图像的背景是透明的，那么"画布扩展颜色"选项将不可用，新增加的画布也是透明的。如图1-156所示，"图层"面板中只有一个"图层0"，没有背景图层，因此图像的背景是透明的，勾选"相对"复选框后，如果将画布的"宽度"扩展到500像素，则扩展的区域是透明的，如图1-157所示。

图1-156

图1-157

1.5.7 旋转视图

执行"图像>图像旋转"菜单命令或按Alt+I+G组合键，可以旋转或翻转整个图像，如图1-158所示。图1-159为原图，图1-160和图1-161分别为执行"顺时针90度"和"垂直翻转画布"命令后的图像效果。

图1-158   图1-159

图1-160   图1-161

 小提示

执行"图像>图像旋转>任意角度"菜单命令，可以设置任意角度旋转画布。

1.6 辅助工具的使用

辅助工具包括标尺、参考线、网格和抓手工具等，借助这些辅助工具可以进行参考、对齐和对位等操作，有助于快速精确地处理图像。

1.6.1 课堂案例：给图像创建参考线面板

实例位置	实例文件>CH01>给图像创建参考线面板.psd	
素材位置	素材文件>CH01>素材07.jpg	微课视频
技术掌握	参考线	

本案例给素材创建3行3列的参考线面板，最终效果如图1-162所示。

图1-162

操作步骤

（1）打开Photoshop，执行"文件>打开"菜单命令，在弹出的对话框中选择"素材文件>CH01>素材07.jpg"文件，效果如图1-163所示。

图1-163

（2）执行"视图>参考线>新建参考线面板"菜单命令，在弹出的"新建参考线版面"对话框中设置行数和列数均为3，如图1-164所示。

图1-164

（3）单击"确定"按钮后，图像窗口效果如图1-165所示。

图1-165

1.6.2 标尺与参考线

标尺和参考线能精确定位图像或元素，执行"视图>标尺"菜单命令或按Ctrl+R组合键，在画布中显示出标尺，将鼠标指针放置在标尺上，然后拖曳鼠标即可拖出参考线，如图1-166和图1-167所示。参考线以浮动的状态显示在图像上

图1-166

图1-167

方，在输出和打印图像时，参考线不会打印出来。

1.6.3 网格

网格主要用来对称排列图像，默认情况下显示为不打印出来的线条，也可以显示为点。执行"视图>显示>网格"菜单命令或按Ctrl+'组合键，即可在画布中显示出网格，如图1-168所示。

图1-168

1.6.4 抓手工具

使用抓手工具可以在文档窗口中以移动的方式查看图像。在工具箱中选择抓手工具 🖑，出现抓手工具的选项栏如图1-169所示。

图1-169

1.7 图像的还原与裁剪

用Photoshop编辑图像时，常常会由于操作错误而导致对效果不满意，这时需要撤销或返回所做的步骤，重新编辑图像。

1.7.1 课堂案例：按要求对图像进行裁剪

实例位置	实例文件>CH01>按要求对图像进行裁剪.psd
素材位置	素材文件>CH01>素材08.jpg
技术掌握	AI插件Firefly的"扩展填充"功能

本案例将素材图像中的主体放置在三等分位置，按长宽比例为3：2对图像进行裁剪，最终效果如图1-170所示。

图1-170

操作步骤

（1）打开Photoshop，执行"文件>打开"菜单命令，在弹出的对话框中选择"素材文件>CH01>素材08"文件，效果如图1-171所示。

图1-171

（2）选择裁剪工具，在裁剪工具选项栏的"比例"下拉列表中选择比例为2：3，如图1-172所示。

图1-172

（3）在图像窗口中单击鼠标后，对素材四周进行拖曳得到图1-173所示的效果。

（4）按Enter键确定，最终效果如图1-174所示。

图1-173

图1-174

1.7.2 还原

执行"编辑>还原"菜单命令或按Ctrl+Z组合键，可以撤销最近的一次操作，将其还原到上一步的操作状态。要连续还原操作的步骤，只需连续执行"编辑>还原"菜单命令，或连续按Ctrl+Z组合键来逐步撤销操作。

1.7.3 后退一步与前进一步

执行"编辑>切换最终状态"菜单命令或按Alt+Ctrl+Z组合键，可以撤销最近的一次操作，将其还原到上一步的操作状态；要取消还原的操作，可以连续执行"编辑>重做"菜单命令，或连续按Shift+Ctrl+Z组合键来逐步恢复被撤销的操作。

1.7.4 恢复

执行"文件>恢复"菜单命令或按F12键，可以直接将文件恢复到最后一次保存时的状态，或返回到刚打开文件时的状态。

 小提示

"恢复"命令只能针对已有图像的操作进行恢复。如果是新建的文件，则"恢复"命令将不可用。

1.7.5 历史记录的还原操作

编辑图像时，每进行一次操作，Photoshop都会将其记录到"历史记录"面板中。也就是说，在"历史记录"面板中可以恢复到某一步的状态，同时也可以再次返回到当前的操作状态。

执行"窗口>历史记录"菜单命令，打开"历史记录"面板，如图1-175所示。

图1-175

1.7.6 裁剪工具

为了使画面的构图更加完美，经常需要裁剪掉多余的内容或者扩展填充一部分内容。裁剪图像主要使用裁剪工具、"裁剪"命令和"裁切"命令来完成。裁剪是指移去部分图像，以突出或加强构图效果的过程。使用裁剪工具可以裁剪掉多余的图像，并重新定义画布的大小。

 小提示

选择裁剪工具后，在画布中会出现一个裁剪框，拖曳裁剪框上的控制点可以选择要保留的部分或旋转图像，然后按Enter键或双击鼠标左键即可完成裁剪。此时仍然可以继续对图像进行进一步的裁剪和旋转。按Enter键或双击鼠标左键后，单击其他工具可以完全退出裁剪操作。

在工具箱中选择裁剪工具，调出其选项栏，如图1-176所示。

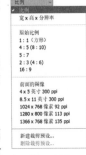

图1-176

1. 比例

如图1-177所示，在该下拉列表中可以选择一个约束选项，按一定比例对图像进行裁剪，对图1-178所示的素材按2：3比例裁剪后，得到图1-179所示的效果。

2. 拉直图像

单击按钮，在图像上绘制一条直线来确定裁剪区域与裁剪框的旋转角度。将图1-180所示的素材按与口红垂直的方向绘制一条直线，此时图像如图1-181所示，确定后效果如图1-182所示。

图1-177

图1-178	图1-179

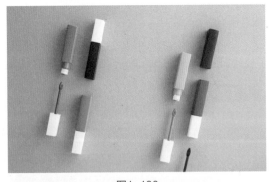

图1-180

图1-181	图1-182

3. 视图

在该下拉列表中可以选择裁剪参考线的样式

及其叠加方式，如图1-183所示。
裁剪参考线包括"三等分""网格""对角""三角形""黄金比例"和"金色螺线"6种，叠加方式包括"自动显示叠加""总是显示叠加"和"从不显示叠加"3种，剩下的"循环切换叠加"和"循环切换取向"两个选项用来设置叠加的循环切换方式。图1-184为三角形视图。

图1-183

图1-184

4. 设置其他裁切选项

单击"设置其他裁切选项"按钮 ✿，打开设置其他裁剪选项的面板，如图1-185所示。

图1-185

● 使用经典模式：裁剪方式将自动切换为以前版本的裁剪方式。

● 自动居中预览：在裁剪图像时，裁剪预览效果会始终显示在画布中央。

● 显示裁剪区域：在裁剪图像的过程中，会显示被裁剪的区域。

● 启用裁剪屏蔽：在裁剪图像的过程中查看被裁剪的区域。

● 不透明度：设置在裁剪过程中或完成后被裁剪区域的不透明度，图1-186和图1-187所示分别为设置"不透明度"为25%和85%时的裁剪屏蔽（被裁剪区域）效果。

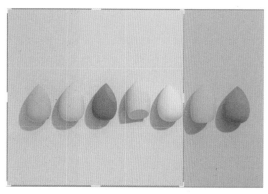

图1-186

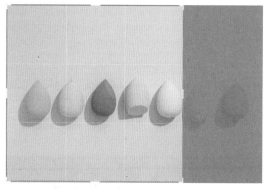

图1-187

5. 删除裁剪的像素

勾选"删除裁剪的像素"复选框，在裁剪结束时将删除被裁剪的图像；未勾选该复选框，被裁剪的图像将隐藏在画布之外。

6. 填充

填充包括"背景（默认）""生成式扩展""内容识别填充"3个选项，如图1-188所示。

图1-188

● 背景（默认）：当使用裁剪工具将画布的范围扩展到图像原始大小之外时，被扩展的区域将以背景色填充。选择"背景（默认）"选项后，拖曳出图1-189所示的裁剪框，按Enter键确定，得到图1-190所示的效果（背景色黑色）。

图1-189

图1-190

●生成式扩展：当使用裁剪工具将画布的范围扩展到图像原始大小之外时，Photoshop可以利用AI插件Firefly智能生成填充技术智能填充要扩展的区域。选择"生成式扩展"选项后，拖曳出图1-191所示的裁剪框，按Enter键确定，Photoshop会考虑图像的透视关系、光影、亮度、色彩、边界等因素，将图像毫无违和地扩展并根据原有图像进行智能填充，得到图1-192所示的效果。

图1-191

图1-192

●内容识别填充：软件会自动分析周围图像的特点，将图像拼接组合后填充在该区域并进行融合，从而达到无缝的拼接效果，它和"生成式扩展"有一定相似的之处，但是在细节以及较复杂背景素材中的表现没有"生成式扩展"完美。

在选择"内容识别填充"后，拖曳出图1-193所示的裁剪框，按Enter键确定，得到图1-194所示的效果。

图1-193

图1-194

1.7.7 透视裁剪图像

透视裁剪工具 🔲.会将图像中的某个区域裁剪下来作为纹理或仅校正某个偏斜的区域，图1-195是该工具的选项栏，此工具可以通过绘制正确的透视形状传达哪里是要被校正的图像区域。

图1-195

透视裁剪工具 🔲.非常适合裁剪具有透视关系的图像。选择透视裁剪工具，在图1-196所示的图像上拖曳出一个裁剪框，并仔细调节裁剪框上的4个定界点，调整裁剪框让图像处于正确的透视效果，如图1-197所示。按Enter键确认，此时Photoshop会自动校正透视效果，使其成为平面图，最终效果如图1-198所示。

图1-196

图1-197　　　　　　　　图1-198

1.8 图像的变换

移动、旋转、缩放、扭曲和斜切等是处理图像的基本方法。其中移动、旋转和缩放称为变换操作，而扭曲和斜切称为变形操作。执行"编辑"菜单下的"自由变换"和"变换"命令，可以改变图像的形状。

1.8.1 课堂案例：给相框替换喜欢的图像

实例位置	实例文件>CH01>给相框替换喜欢的图像.psd
素材位置	素材文件>CH01>素材09.jpg、素材10.jpg
技术掌握	变换命令

微课视频

本案例将相框中的图片用其他图像素材替换，需要运用"变换"命令调整图像的大小和角度，使其与背景协调，最终效果如图1-199所示。

图1-199

（1）打开Photoshop，执行"文件>打开"菜单命令，在弹出的对话框中选择"素材文件>CH01>素材09"文件，效果如图1-200所示。

（2）执行同样的操作打开素材10，并导入素材09中，效果如图1-201所示。

（3）执行"编辑>变换>缩放"菜单命令，调整素材10的位置和大小，如图1-202所示。

图1-200

图1-201　　　　　　　　图1-202

（4）执行"编辑>变换>扭曲"菜单命令，拖曳图像四角，使图像四角与相框四角重合，如图1-203所示，接着按Enter键确认，最终效果如图1-204所示。

图1-203　　　　　　　　图1-204

1.8.2 移动工具

移动工具 ⊕.可以在文档中移动图层、选区中的图像，也可以将其他文档中的图像拖到当前文档中，图1-205所示为该工具的选项栏。

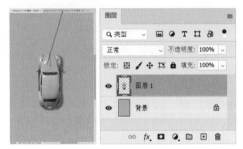
图1-205

- 自动选择：对于具有多个图层或多个组的图像，勾选"自动选择"复选框后，在图像窗口中单击左键，软件会自动选中单击位置所在的图层或组。
- 显示变换控件：勾选"显示变换控件"复选框，被选择图层的四周将出现控制点，拖曳控制点可以调整被选择图层的大小和方向。
- 对齐图层：当同时选择了两个或两个以上的图层时，单击相应的对齐图层按钮可以将所选图层对齐。对齐方式包括"顶对齐" 、"垂直居中对齐" 、"底对齐" 、"左对齐" 、"水平居中对齐" 和"右对齐" 。
- 分布图层：如果选择了3个或3个以上的图层，则单击相应的分布图层按钮可以将所选图层按一定规则均匀分布排列。分布方式包括"按顶分布" 、"垂直居中分布" 、"按底分布" 、"按左分布" 、"水平居中分布" 和"按右分布" 。

1. 在同一个文档中移动图像

在"图层"面板中选择要移动的对象所在的图层，如图1-206所示，然后选择移动工具 ，接着在画布中拖曳鼠标即可移动选中的对象，如图1-207所示。

图1-206

图1-207

2. 在不同的文档间移动图像

打开两个或两个以上的文档，将鼠标指针放置在画布中，使用移动工具 ，将选定的"汽车"图像拖到另外一个文档的标题栏上，如图1-208所示。此时窗口自动切换到另一个文档，如图1-209所示，停留片刻后将图像移动到画面中，松开鼠标即可将图像拖到文档中，同时生成一个图1-210所示的新图层。

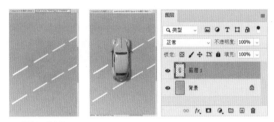

图1-208

图1-209　　　　图1-210

> 💡 小提示
>
> 如果按住Shift键将一个图像拖到另外一个文档中，原图像在源文档中依然可以进行自由变换。

1.8.3 自由变换

"自由变换"命令可用于在一个连续的操作中应用变换（旋转、缩放、斜切、扭曲和透视），也可以应用变形变换，同时不必选取其他命令，只需在键盘上按住相关按键，即可在变换类型之间切换。有图1-211所示的包含两个图层的素材，在"图层"面板中选择"图层1"后，执行"编辑>自由变换"菜单命令，可以拖曳"图层1"中图像周围的控制点，如图1-212所示，对"图层1"中的图像进行各种变换，效果如图1-213所示。

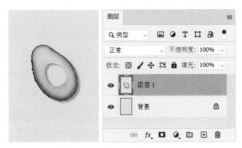

图1-211

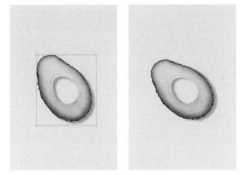

图1-212　　　　　图1-213

1.8.4 变换

　　"编辑>变换"菜单中提供了各种变换命令，如图1-214所示。执行这些命令可以对图层、路径、矢量图形，以及选区中的图像进行变换操作。另外，还可以对矢量蒙版和Alpha通道应用变换。

图1-214

1. 缩放

　　执行"编辑>变换>缩放"菜单命令可以对图像进行缩放。图1-215为原图，不按任何快捷键，可以等比例缩放图像，如图1-216所示；按住Shift键，可以任意缩放图像，如图1-217所示；按住Alt键，可以以中心点为基准点等比例缩放图像，如图1-218所示。

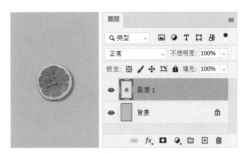

图1-215

图1-216　　　　图1-217　　　　图1-218

2. 旋转

　　执行"编辑>变换>旋转"菜单命令可以围绕中心点转动变换对象。图1-219所示为原图，不按住任何快捷键，可以任意角度旋转图像，如图1-220所示；按住Shift键，可以以15°为单位旋转图像，如图1-221所示。

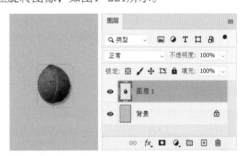

图1-219

图1-220　　　　　图1-221

3. 斜切

　　执行"编辑>变换>斜切"菜单命令可以在任意方向上倾斜图像。图1-222为原图，不按住任何快捷键，可以在任意方向上倾斜图像，如图

1-223所示；按住Shift键，可以在垂直或水平方向上倾斜图像；按住Alt键，可以围绕图像中点倾斜图像。

图1-222

图1-223

4. 扭曲

执行"编辑>变换>扭曲"菜单命令可以在各个方向上伸展变换对象。图1-224所示为原图，不按住任何快捷键，可以在任意方向上扭曲图像，如图1-225所示；按住Shift键，可以在垂直或水平方向上扭曲图像；按住Alt键，可以围绕图像中点扭曲图像。

图1-224

图1-225

5. 透视

执行"编辑>变换>透视"菜单命令可以对变换对象应用单点透视。拖曳定界框4个角上的控制点，可以在水平或垂直方向上对图像应用透视，如图1-226和图1-227所示。

图1-226

图1-227

6. 变形

执行"编辑>变换>变形"菜单命令可以对图像的局部内容进行变形。如图1-228所示，执行该命令时，图像上会出现变形网格和锚点，拖曳锚点或调整锚点的方向线可以对图像进行更加自由和灵活的变形处理，如图1-229所示。

图1-228

图1-229

7. 水平/垂直翻转

执行"编辑>变换>水平翻转"菜单命令可以将图像在水平方向上翻转，图1-230为原图，执行"水平翻转"命令后的效果如图1-231所示；执行"垂直翻转"命令可以将图像在垂直方向上翻转，效果如图1-232所示。

图1-230

图1-231　　　　图1-232

1.8.5 内容识别比例变换

执行"编辑>内容识别比例"菜单命令或按Alt+Shift+Ctrl+C组合键，可以在不更改重要可视内容（如人物、建筑和动物等）的情况下缩放图像大小。常规缩放在调整图像大小时会统一影响所有像素，而"内容识别比例"命令主要影响没有重要可视内容区域中的像素，图1-233为原图，图1-234和图1-235分别是常规缩放和内容识别比例缩放的效果。

图1-233

图1-234　　　　图1-235

● 将图像移动到新的背景并完成变换

实例位置	实例文件>CH01>将图像移动到新的背景并完成变换.psd
素材位置	素材文件>CH01>素材11.jpg、素材12.jpg
技术掌握	掌握移动工具和变换命令的用法

微课视频

本案例讲解如何利用移动工具和变换命令将图像移动到新的背景并完成变换，最终效果如图1-236所示。

图1-236

（1）打开Photoshop，执行"文件>打开"菜单命令，在弹出的对话框中选择"素材文件>CH01>素材11.jpg"文件，效果如图1-237所示。用同样的方法再打开素材12.jpg，效果如图1-238所示。

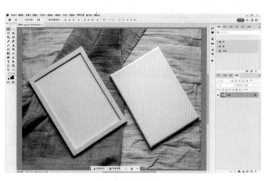

图1-237

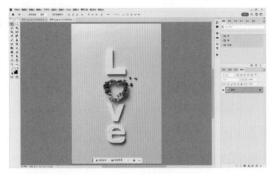

图1-238

（2）选择移动工具，将素材12.jpg图像拖到素材11.jpg的标题栏上，如图1-239所示。此时窗口自动切换到素材11.jpg图像，停留片刻后，将鼠标指针移动到素材11.jpg的画面中，松开鼠标，即可将素材12.jpg拖到素材11.jpg图像中，如图1-240所示，同时"图层"面板生成一个新的图层——图层1。

图1-239

图1-240

（3）执行"编辑>变换>扭曲"菜单命令，"图层1"中的图像四周出现8个控制点，如图1-241所示。

（4）拖曳右下角的控制点，将素材12.jpg图像右下角与下方背景上纸张的右下角重合，

图1-241

如图1-242所示。

（5）使用同样的方法，将剩下的3个角也与下方背景上纸张的3个角重合，如图1-243所示。（可以放大图像进行操作）

图1-242　　　　　图1-243

（6）按Enter键即可确定图1-244所示的扭曲效果。

图1-244

第2章 AI插件Firefly智能生成填充

AI插件Firefly智能生成填充是非常强大的一个插件，它可以参照原有图像的透视关系、光影、亮度、色彩、边界等因素，毫无违和地对图像进行扩展和填充；也可以对图像中不需要的部分进行智能擦除，不用再使用复杂的方法、不太有用的工具替换素材中不需要的对象；还可以按文字提示生成所需图像，比如将图像素材中的某个主体对象或者背景进行智能生成替换，或者在图像的某块区域直接生成所需对象，等等。

另外，每次使用智能生成填充都会生成3张效果图供用户挑选，如果对生成的效果图不满意，则可以继续无限制进行生成，直到满意为止，而且对于通过AI插件智能扩展填充的图像，Photoshop会在"图层"面板生成一个带有图层蒙版的单独图层，针对这个图层，在后期详细学习图层和蒙版的知识后，读者会知道可以随时对这个图层进行无损的、可逆的编辑。

本章学习要点

- 上下文任务栏
- 扩展填充
- 智能擦除
- 图像生成

- 替换对象
- 替换背景
- 智能融合

2.1 扩展填充

上下文任务栏是一个新增加的永久菜单，显示工作流程中最相关的后续步骤。"扩展填充"功能一般要和裁剪工具、矩形选框工具、套索工具、魔棒工具、对象选择工具、快速选择工具等一系列工具配合使用。

2.1.1 课堂案例：简单背景图像扩展填充

实例位置	实例文件>CH02>简单背景图像扩展填充.psd
素材位置	素材文件>CH02>素材01
技术掌握	AI插件Firefly的"扩展填充"功能

微课视频

本案例通过"扩展填充"功能，对素材两边进行扩展填充，最终效果如图2-1所示。

操作步骤

（1）打开Photoshop，执行"文件>打开"

图2-1

菜单命令，在弹出的对话框中选择"素材文件>CH02>素材01"文件，效果如图2-2所示。

（2）选择裁剪工具，对素材左右两侧进行拖曳，如图2-3所示，按Enter键得到图2-4所示的效果。

（3）选择矩形选框工具，在素材扩展出来的部分上拖曳鼠标创建图2-5所示的选区。如图2-6所示，创建的选区要带有一部分原本素材的区域，以便于软件准确分析图像进行扩展填充。

（4）在上下文任务栏中单击"创成式填充"按钮，上下文任务栏就变成图2-7所示的样子。

（5）在上下文任务栏中不输入任何文字，直接单击"生成"按钮，图像窗口中出现图2-8所示的进度条。

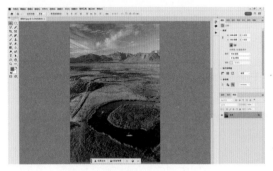

图2-2

图2-3

图2-4

图2-5

图2-6

图2-7

图2-8

（6）等进度条的完成度为100%后，得到图2-9所示的效果，至此，完成对图像的扩展填充。可以观察到AI插件智能填充扩展的图像在透视关系、光影、亮度、色彩、边界的过渡等方面都处理得非常自然。

图2-9

注意，Photoshop每次扩展填充都会生成3张效果图，剩余效果图可以直接在上下文任务栏中单击图2-10所示的"上一个变体"〈或"下一个变体"按钮〉来查看。

图2-10

（7）也可以在图2-11所示的"属性"面板中直接选择缩略图查看。图2-12和图2-13是选择相应缩略图后得到的效果。

图2-11

图2-12

图2-13

 小提示

如果对扩展填充生成的效果图不满意，那么可以继续单击"生成"按钮，Photoshop会继续完成一次扩展填充，如图2-14所示，再次生成3张效果图。如果还不满意，则可以继续单击"生成"按钮，直到满意为止。

图2-14

2.1.2 上下文任务栏

只要在Photoshop中打开图像，上下文任务栏就会显示在画布上，如图2-15所示。上下文任务栏会提供"选择主体""移除背景""转换图像""创建新的调整图层"等按钮，如图2-16所示。

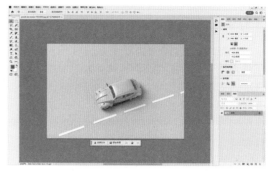

图2-15

图2-16

上下文任务栏提供的按钮不是固定的。例如，创建了一个选区时，上下文任务栏会根据潜在的下一步骤提供更多按钮，如"创成式填充""修改选区""反相选区""从选区创建蒙版""填充选区""创建新的调整图层或取消选区"等按钮，如图2-17所示。

图2-17

 小提示

如果上下文任务栏在图像窗口中不显示，则执行"窗口>上下文任务栏"菜单命令，如图2-18所示，等"上下文任务栏"前方有个"√"时，它就会出现在图像窗口中。

图2-18

2.1.3 复杂背景图像扩展填充

在对图像进行扩展填充时，只需先利用裁剪工具对图像进行扩大裁剪，然后为扩展部分创建选区，最后利用上下文任务栏直接生成即可。

举例：有图2-19所示的背景比较复杂的一张图像素材，要对它的四周进行扩展，让图像画幅变大。

图2-19

操作步骤

（1）打开Photoshop，执行"文件>打开"菜单命令，在弹出的对话框中选择"素材文件>CH02>素材02"文件，效果如图2-20所示。

图2-20

（2）选择裁剪工具，对素材上下左右四周进行拖曳裁剪图像，如图2-21所示，按Enter键得到图2-22所示的效果。

图2-21

图2-22

（3）选择矩形选框工具，在素材中拖曳鼠标创建图2-23所示的选区，执行"选择>反选"菜单命令（或者在上下文任务栏中直接单击"反相选区"按钮），为素材扩展出来的部分创建选区，如图2-24所示。注意创建的选区要带有一部分原本素材的区域，以便于软件准确分析图像进行扩展填充。

图2-23

图2-24

（4）在上下文任务栏中单击"创成式填充"按钮，再单击"生成"按钮，图像窗口中出现图2-25所示的进度条。

（5）等渐变条的完成度为100%后，得到图2-26所示的扩展后的效果。

图2-25

图2-26

（6）在"属性"面板中选择图2-27和图2-28所示的其他两张效果图进行查看，然后选择其中满意的一张保存，或者继续进行扩展填充，直到满意为止。针对本素材，可以观察到AI插件智能填充扩展在边界位置对树木进行了补齐，对草地进行了延伸，又根据透视关系创建了天空中的晚霞（见图2-28），以及扩展部分的光影、亮

图2-27

图2-28

度、色彩都非常自然，为后期对图像进行下一步操作创造了无限可能。

 小提示

如图2-29所示，放大被扩展的图像部分会发现，它的分辨率和像素明显没有原图高。

图2-29

2.2 智能擦除

AI插件Firefly智能生成填充的第二个功能是"智能擦除"，它会考虑原图像的透视关系、光影、亮度、色彩、边界等因素，对图像中不需要的部分进行智能擦除。对于通过Photoshop智能擦除的图像，会在"图层"面板生成一个带有图层蒙版的可编辑的单独图层。

另外"智能擦除"功能一般要和可以创建选区的选框工具、套索工具、魔棒工具、对象选择工具、快速选择工具等工具配合使用。

2.2.1 课堂案例：简单图像的智能擦除

实例位置	实例文件>CH02>简单图像的智能擦除.psd
素材位置	素材文件>CH02>素材03
技术掌握	AI插件Firefly的"智能擦除"功能

微课视频

本案例通过"智能擦除"功能，对素材中的铅笔进行智能擦除，最终效果如图2-30所示。

◢ 操作步骤

（1）打开Photoshop，执行"文件>打开"菜单命令，在弹出的对话框中选择"素材文件>CH02>素材03"文件，效果如图2-31所示。

图2-30

图2-31

（2）选择套索工具，在素材中按住鼠标左键绕铅笔拖曳一圈，创建图2-32所示的选区，因为铅笔有阴影，所以将阴影一同框选。

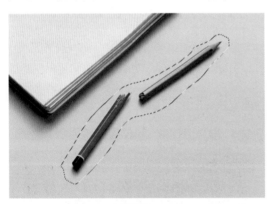

图2-32

（3）在上下文任务栏中单击"创成式填充"按钮，上下文任务栏的显示如图2-33所示。

图2-33

（4）在上下文任务栏中不输入任何文字，直接单击"生成"按钮，图像窗口中出现图2-34所示的进度条。

（5）等进度条的完成度为100%后，得到图2-35所示的效果，至此，完成对图像的智能擦除。针对本素材，可以观察到AI插件智能擦除功能擦除了铅笔以及阴影，并对背景进行了补齐，擦除部分的光影、亮度、色彩都和原图进行了匹配，效果非常自然。

图2-34

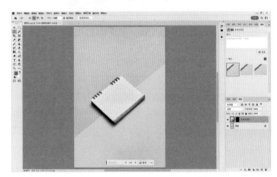

图2-35

（6）在"属性"面板中选择图2-36和图2-37所示的其他两张效果图进行查看。如果还不满意，则可以继续单击"生成"按钮，直到满意为止。

图2-36

图2-37

2.2.2 复杂图像的智能擦除

在对图像进行智能擦除时，只需先给擦除部分创建选区，然后利用上下文任务栏直接生成即可。

举例：有图2-38所示的图像素材，要对素材中的小羊进行智能擦除。这个素材的背景比较复杂，因为要擦除的小羊挡住了后面大羊身体的一部分。

图2-38

操作步骤

（1）打开Photoshop，执行"文件>打开"菜单命令，在弹出的对话框中选择"素材文件>CH02>素材04"文件，效果如图2-39所示。

图2-39

（2）选择套索工具，在素材中按住鼠标左键绕小羊拖曳一圈，创建图2-40所示的选区。

图2-40

（3）在上下文任务栏中单击"创成式填充"按钮，在上下文任务栏中不输入任何文字，直接单击"生成"按钮，图像窗口中出现图2-41所示的进度条。

图2-41

（4）等进度条的完成度为100%后，得到图2-42所示的效果，至此，完成对图像的智能擦除。针对本素材，可以观察到AI插件智能擦除了小羊，并将后面大羊身体缺失的部分补全了。

图2-42

（5）在"属性"面板中选择图2-43和图2-44所示的其他两张效果图进行查看。当然，如果对3张效果图都不满意，则还可以继续单击"生成"按钮，直到智能擦除效果满意为止。

图2-43

图2-44

2.3 图像生成

AI插件智能生成填充的"图像生成"功能也叫"文生图",软件会按用户输入的文字生成所需图像,它会考虑图像的透视关系、光影、亮度、色彩等因素,在原图像素材上毫无违和地进行图像生成。对于通过Photoshop智能图像生成的图像素材,会在"图层"面板中生成一个带有图层蒙版的可编辑的单独图层。

另外"图像生成"功能一般要和可以创建选区的选框工具、套索工具、魔棒工具、对象选择工具、快速选择工具等工具配合使用。

2.3.1 课堂案例:简单图像生成

实例位置	实例文件>CH02>简单图像生成.psd
素材位置	素材文件>CH02>素材05
技术掌握	AI插件Firefly的"图像生成"功能

微课视频

本案例通过"图像生成"功能,在素材图像的天空中生成一只热气球,在草地上生成一条河流,最终效果如图2-45所示。

图2-45

 操作步骤

(1)打开Photoshop,执行"文件>打开"菜单命令,在弹出的对话框中选择"素材文件>CH02>素材05"文件,效果如图2-46所示。

图2-46

(2)按Ctrl + +组合键放大图像后,选择矩形选框工具,在素材中拖曳鼠标左键创建图2-47所示的选区。

图2-47

(3)在上下文任务栏中单击图2-48所示的"创成式填充"按钮,上下文任务栏的显示如图2-49所示。

图2-48

图2-49

（4）在上下文任务栏中输入"热气球"或者热气球的英文"Hot Air Balloon"，如图2-50所示。

图2-50

输入中英文都可以进行图像生成，但是相对中文来说，英文生成会更准确，所以以英文举例。

（5）在上下文任务栏中单击"生成"按钮，图像窗口中出现图2-51所示的进度条。

（6）等进度条的完成度为100%后，在"属性"面板的3张效果缩略图中选择比较自然的一张，如图2-52所示。

图2-51

图2-52

创建选区的形状和大小会影响生成图像的形状和大小，同一个选区，每次生成的图像也不会完全相同。比如利用套索工具给一张大海的素材创建图2-53所示的选区，在上下文任务栏中输入"一条船"的英文"a boat"，单击"生成"按钮，得到

图2-54所示的形状和大小的船；然后利用套索工具创建图2-55所示的不同形状和大小选区，在上下文任务栏中输入"一条船"的英文"a boat"，单击"生成"按钮，得到图2-56所示的形状和大小的船。

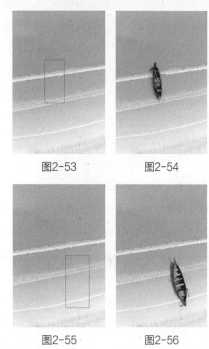

图2-53 　　　　　　 图2-54

图2-55 　　　　　　 图2-56

（7）选择套索工具，在素材中按住鼠标左键拖曳一圈，创建图2-57所示的选区。

（8）在上下文任务栏中单击"创成式填充"按钮，并输入"河流"的英文"river"，如图2-58所示。

（9）在上下文任务栏中单击"生成"按钮，图像窗口中出现图2-59所示的进度条。

（10）等进度条的完成度为100%后，在"属性"面板的3张效果缩略图中选择比较自然的一张，如图2-60所示。

图2-57

图2-58

图2-59

图2-60

（11）至此，完成对素材的图像生成。针对本素材，可以观察到AI插件图像生成功能生成了所需的热气球和河流，并根据图像光影结构对河流中白云的倒影进行了处理，这使得生成图像的边界、光影、亮度、色彩非常自然，效果如图2-61所示。

图2-61

2.3.2 复杂图像生成

在对图像进行生成时，只需先在素材需要生成的区域创建选区，然后在上下文任务栏中输入要生成的图像详情，最后直接生成即可。

举例：有图2-62所示的图像素材，要求在它的画面中进行各种较复杂图像的生成。

图2-62

📖 操作步骤

（1）打开Photoshop，执行"文件>打开"菜单命令，在弹出的对话框中选择"素材文件>CH02>素材06"文件，效果如图2-63所示。

图2-63

（2）首先，生成一座"小木屋"，选择套索工具，在素材中按住鼠标左键拖曳一圈创建图2-64所示的选区。

图2-64

（3）在上下文任务栏中单击"创成式填充"按钮，并输入"木屋"的英文"The cabin"，如图2-65所示，接着在上下文任务栏中单击"生成"按钮。

图2-65

（4）等生成的进度条的完成度为100%后，得到图2-66所示的效果。

图2-66

（5）从"属性"面板的3张效果缩略图中选择比较自然的一张，如图2-67所示。

图2-67

（6）生成"一条船"，选择套索工具，在素材上按住鼠标左键拖曳一圈创建图2-68所示的选区。

图2-68

（7）在上下文任务栏中单击"创成式填充"按钮，并输入"一条船"的英文"a boat"，接着在上下文任务栏中单击"生成"按钮，等生成的进度条的完成度为100%后，得到图2-69所示的效果。

（8）从"属性"面板的3张效果缩略图中选择比较自然的一张，如图2-70所示。

图2-69

图2-70

（9）通过套索工具创建图2-71所示的选区，在上下文任务栏中单击"创成式填充"按钮，并输入"一群鸟"的英文"A flock of birds"，接着单击"生成"按钮，得到图2-72所示的效果。

图2-71

图2-72

（10）通过套索工具创建图2-73所示的选区，在上下文任务栏中单击"创成式填充"按钮，并输入"小岛"的英文"island"，接着单击"生成"按钮，得到图2-74所示的效果。

图2-73

图2-74

（11）通过矩形选框工具创建图2-75所示的选区，在上下文任务栏中单击"创成式填充"按钮，输入"飞机"的英文"plane"，单击"生成"按钮，得到图2-76所示的效果。

（12）通过矩形选框工具创建图2-77所示的选区，在上下文任务栏中单击"创成式填充"按钮，输入"灯塔"的英文"Lighthouse"，单击"生成"按钮，得到图2-78所示的效果。

图2-75

图2-76

图2-77

图2-78

通过上面案例，可以看到AI插件智能生成填充的"图像生成"功能非常强大，尤其是它会智能处理图像的透视关系、光影、亮度、色彩等因素，在上面的例子中，小木屋、船、鸟群、小岛、飞机、灯塔都能非常融洽地和背景融合在一起。

2.3.3 "从无到有"地生成图像

上面两个案例都是在原素材局部进行"图像生成"，而"图像生成"功能还可以"从无到有"地生成所需的图像。

举例：生成一个具有蓝天、白云、群山、草地和河流等元素，宽高比例为3∶2的图像素材。

![操作步骤]

（1）打开Photoshop，执行"文件>新建"菜单命令，在弹出的对话框中设置参数，如图2-79所示，单击"创建"按钮，得到图2-80所示的效果。

图2-79

图2-80

（2）按Ctrl+A组合键全选图像，也就是给图像创建图2-81所示的选区。

图2-81

（3）在上下文任务栏中单击"创成式填充"按钮，输入"蓝天白云下，远处的群山起伏不定，附近是一片绿油油的草地，还有一条河流横穿草地而过"这段文字的英文"Under the blue sky and white clouds, the mountains in the distance rising and falling, nearby is a green meadow, with a river crossing through the meadow"，如图2-82所示，在上下文任务栏中单击"生成"按钮。

（4）等生成的进度条的完成度为100%后，得到图2-83所示的效果。

图2-82

图2-83

（5）从"属性"面板的3张效果缩略图中选择效果比较自然的，如果不满意效果，则可以继续单击"生成"按钮，直到满意为止。图8-84～图8-90都是"从无到有"生成的图像。

图2-84　　　　　　　图2-85

图2-86　　　　　　　图2-87

图2-88　　　　　　　图2-89

图2-90

2.4 替换对象

AI插件智能生成填充的"替换对象"功能是将图像素材中的某个对象进行智能替换,也可以将它理解成特殊的"图像生成"。比如,将图像素材中的帽子替换成花环、将人像短发替换成长发、将模特毛衣替换成衬衫、将天空替换成高山,等等。在替换过程中,Photoshop会根据"替换对象"所处图像的透视关系、光影、亮度、色彩、边界等因素,自然地对"替换对象"进行替换。

另外"替换对象"功能一般要和可以创建选区的选框工具、套索工具、魔棒工具、对象选择工具、快速选择工具等工具配合使用。

2.4.1 课堂案例:简单素材替换对象

实例位置	实例文件>CH02>简单素材替换对象.psd
素材位置	素材文件>CH02>素材07
技术掌握	AI插件Firefly的"替换对象"功能

微课视频

本案例通过"替换对象"功能,将素材中的小蛋糕替换成苹果,最终效果如图2-91所示。

图2-91

操作步骤

(1)打开Photoshop,执行"文件>打开"菜单命令,在弹出的对话框中选择"素材文件>CH02>素材07"文件,效果如图2-92所示。

(2)选择套索工具,在素材上按住鼠标左键拖曳一圈,创建图2-93所示的选区。

(3)在上下文任务栏中单击"创成式填充"按钮,输入"苹果"的英文"apple",如图2-94所示,在上下文任务栏中单击"生成"按钮。

(4)等生成的进度条的完成度为100%后,得到图2-95所示的效果。

图2-92

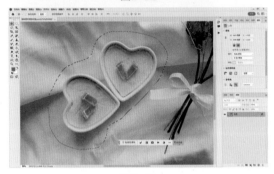

图2-93

apple · · · 取消 生成

图2-94

图2-95

(5)从"属性"面板的3张效果缩略图中选择比较自然的一张,如图2-96所示,或者继续替换对象,直到满意为止。

图2-96

2.4.2 复杂素材替换对象

在对素材替换对象时，先将素材需要替换的区域创建为选区，然后在上下文任务栏中输入要替换的图像详情，最后直接生成即可。

举例：上个案例处理了背景比较简单的素材替换对象，下面将图2-97所示图像素材中的小木屋替换成一座别墅。

图2-97

操作步骤

（1）打开Photoshop，执行"文件>打开"菜单命令，在弹出的对话框中选择"素材文件>CH02>素材08"文件，效果如图2-98所示。

图2-98

（2）选择套索工具，在素材中小木屋位置按下鼠标左键拖曳一圈，创建图2-99所示的选区。读者后面学习"选区"章节后，就可以使用更多更简洁的方式来创建准确的选区。

图2-99

（3）在上下文任务栏中单击"创成式填充"按钮，输入"别墅"的英文"The villa"，如图2-100所示，在上下文任务栏中单击"生成"按钮。

图2-100

（4）等生成的进度条的完成度为100%后，得到图2-101所示的效果。

图2-101

（5）从"属性"面板的3张效果缩略图中选择比较自然的一张，如图2-102所示，或者继续替换对象，直到满意为止。

图2-102

2.5 替换背景

AI插件智能生成填充的"替换背景"是将图像素材中的背景进行智能替换，也可以将它理解成特殊的"图像生成"。在替换过程中，Photoshop会根据"替换对象"所处图像的透视关系、光影、亮度、色彩、边界等因素，自然地对"替换对象"进行替换。

另外，"替换背景"功能一般要和可以创建选区的选框工具、套索工具、魔棒工具、对象选择工具、快速选择工具等工具配合使用。

2.5.1 课堂案例：简单素材替换背景

实例位置	实例文件>CH02>简单 素材替换背景.psd
素材位置	素材文件>CH02>素材09
技术掌握	AI插件Firefly的"替换 背景"功能

微课视频

本案例通过"替换背景"功能，将贝壳的背景替换成沙滩背景，最终效果如图2-103所示。

图2-103

操作步骤

（1）打开Photoshop，执行"文件>打开"菜单命令，在弹出的对话框中选择"素材文件>CH02>素材09"文件，效果如图2-104所示。

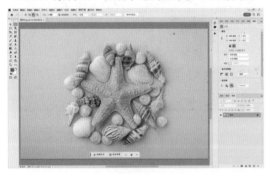

图2-104

（2）选择对象选择工具，将鼠标指针放置在背景上，Photoshop会智能地用颜色块来提示即将创建选区的区域，单击鼠标得到图2-105所示的选区。

（3）在上下文任务栏中单击"创成式填充"按钮，输入"沙滩"的英文"The beach"，如图2-106所示，在上下文任务栏中单击"生成"按钮。

（4）等生成的进度条的完成度为100%后，得到图2-107所示的效果。

图2-105

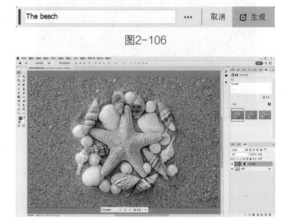

The beach   ···   取消   生成

图2-106

图2-107

（5）从"属性"面板的3张效果缩略图中选择比较自然的一张，如图2-108所示，或者继续替换对象，直到满意为止。

图2-108

2.5.2 复杂素材替换背景

在为素材替换背景时，先将需要替换的背景创建为选区，然后在上下文任务栏中输入要替换的背景详情，最后直接生成即可。

举例：上个案例处理了可以直接为背景创建选区的较简单图像的替换，下面将图2-109所示的背景比较复杂的图像素材的背景替换成雪山。

图2-109

操作步骤

（1）打开Photoshop，执行"文件>打开"菜单命令，在弹出的对话框中选择"素材文件>CH02>素材10"文件，效果如图2-110所示。

图2-110

（2）选择对象选择工具，将鼠标指针放置在素材中狼的位置上，Photoshop会智能地用颜色块来提示即将创建选区的区域，单击鼠标得到图2-111所示的选区。执行"选择>反选"菜单命令（或者在上下文任务栏中单击"反相选区"按钮），为背景素材创建图2-112所示的选区。

（3）在上下文任务栏中单击"创成式填充"按钮，输入"雪山"的英文"snow mountain"，如图2-113所示，接着在上下文任务栏中单击"生成"按钮。

图2-111

图2-112

Snow Mountain ··· 取消 生成

图2-113

（4）等生成的进度条的完成度为100%后，得到图2-114所示的效果。

图2-114

（5）从"属性"面板的3张效果缩略图中选择比较自然的一张，如图2-115所示，或者继续替换对象，直到满意为止。

图2-115

2.6 智能融合

　　AI插件智能生成填充的"智能融合"功能以分析多张图像的透视关系、光影、亮度、色彩、边界等因素，自然地将图像融合起来，这在图像合成中是非常方便快捷的一项功能。

对于通过Photoshop智能融合的图像素材，会在"图层"面板中生成一个带有图层蒙版的可编辑的单独图层。另外，"智能融合"功能还是要和可以创建选区的选框工具、套索工具、魔棒工具、对象选择工具、快速选择工具等工具配合使用。

2.6.1 课堂案例：简单素材智能融合

实例位置	实例文件>CH02>简单素材智能融合.psd
素材位置	素材文件>CH02>素材11、素材12
技术掌握	AI插件的Firefly"智能融合"功能

微课视频

本案例通过"智能融合"功能，对两张素材进行智能融合，最终效果如图2-116所示。

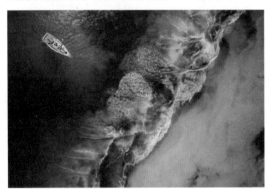

图2-116

操作步骤

（1）打开Photoshop，执行"文件>打开"菜单命令，在弹出的对话框中选择"素材文件>CH02>素材11"文件，效果如图2-117所示。

图2-117

（2）选择裁剪工具，对素材四周进行拖曳裁剪素材，如图2-118所示，按Enter键得到图2-119所示的效果。

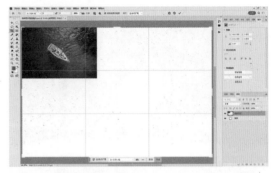

图2-118

图2-119

（3）执行"文件>打开"菜单命令，在弹出的对话框中选择"素材文件>CH02>素材12"文件，如图2-120所示，然后将它拖曳到刚才裁剪的素材中，效果如图2-121所示。

图2-120

图2-121

（4）执行"编辑>自由变换"菜单命令，调整素材12的大小及位置，如图2-122所示。

（5）选择矩形选框工具，在素材中拖曳鼠标，创建图2-123所示的选区，执行"选择>反选"菜单命令反选选区，如图2-124所示。注意，创建的选区要带有一部分原本素材的区域，以便于软件准确分析图像进行扩展填充。

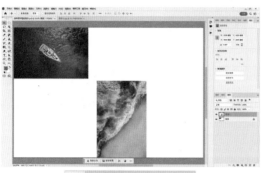

图2-122

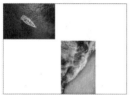

图2-123

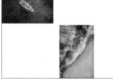

图2-124

（6）在上下文任务栏中单击"创成式填充"按钮，在上下文任务栏中单击"生成"按钮，图像窗口出现图2-125所示的进度条。

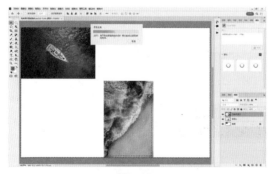

图2-125

（7）等进度条的完成度为100%后，得到图2-126所示的融合后的效果。

（8）从"属性"面板的3张效果缩略图中选择比较自然的一张，如图2-127所示，或者继续替换对象，直到满意为止。

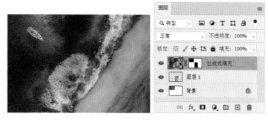

图2-126

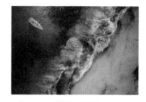

图2-127

2.6.2 复杂素材智能融合

在对两张或两张以上素材智能融合时，先将一张素材扩大裁剪，然后将其他素材移动到裁剪素材中调整好大小和位置，接着将素材空白区域创建为选区，最后在上下文任务栏中直接生成即可。

举例：上个案例处理了两张色彩比较接近的简单天空素材，下面对图2-128、图2-129所示的比较复杂的两张图像素材进行智能融合。

图2-128

图2-129

操作步骤

（1）打开Photoshop，执行"文件>打开"菜单命令，在弹出的对话框中选择"素材文件>CH02>素材13"文件，效果如图2-130所示。

图2-130

（2）选择裁剪工具，对素材四周进行拖曳裁剪素材，如图2-131所示，按Enter键得到图2-132所示的效果。

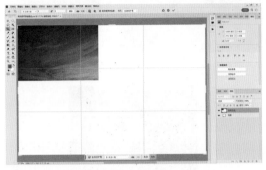

图2-131

图2-132

（3）执行"文件>打开"菜单命令，在弹出的对话框中选择"素材文件>CH02>素材14"文件，并将它拖曳到刚才裁剪的素材中，效果如图2-133所示。

图2-133

（4）执行"编辑>自由变换"菜单命令，调整素材的大小及位置，如图2-134所示。

（5）选择矩形选框工具，在素材中拖曳鼠标创建图2-135所示的选区，执行"选择>反选"菜单命令反选选区，如图2-136所示。

（6）在上下文任务栏中单击"创成式填充"按钮，在上下文任务栏中单击"生成"按钮，图像窗口中出现图2-137所示的进度条。

图2-134

图2-135　　　　　　　图2-136

图2-137

（7）等进度条的完成度为100%后，得到图2-138所示的融合后的效果。

图2-138

（8）从"属性"面板的3张效果缩略图中选择比较自然的一张，如图2-139所示，或者继续替换对象，直到满意为止。

图2-139

课后习题

• 将竖版图像扩展成横版

实例位置	实例文件>CH02>将竖版图像扩展成横版.psd
素材位置	素材文件>CH02>素材15.jpg
技术掌握	AI插件的Firefly智能生成填充

微课视频

本习题是将竖版图像扩展成横版，需要运用裁剪工具对图像进行裁剪，然后使用矩形选框工具创建选区，调整创建的选区后进行智能扩展填充，最终效果如图2-140所示。

图2-140

操作步骤

（1）打开Photoshop，执行"文件>打开"菜单命令，在弹出的对话框中选择"素材文件>CH02>素材15"文件，效果如图2-141所示。

（2）选择裁剪工具，对素材四周进行拖曳裁剪素材，如图2-142所示，按Enter键得到图2-143所示的。

图2-141

图2-142

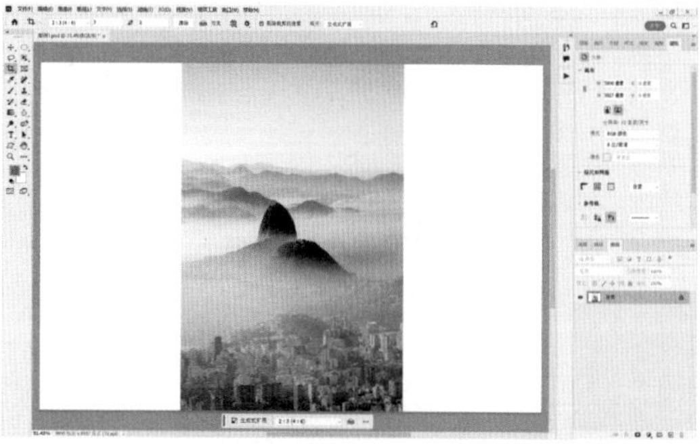

图2-143

（3）选择矩形选框工具，在素材中拖曳鼠标创建图2-144所示的选区。如图2-145所示，创建的选区要带有一部分原本素材的区域，以便于软件准确分析图像进行扩展填充。

图2-144

（4）在上下文任务栏中单击"创成式填充"按钮，在上下文任务栏中单击"生成"按钮，如图2-146所示，图像窗口中出现图2-147所示的进度条。

（5）等进度条的完成度为100%后，得到图2-148所示的扩展后的效果。

图2-146

图2-145

图2-147

图2-149

图2-148

图2-150

（6）从"属性"面板中选择图2-149和图2-150所示的其他两张效果图进行查看。用户可以选择其中最满意的一张保存，或者继续进行扩展填充，直到满意为止。

第 **3** 章 图层

本章导读

图层是 Photoshop 中重要的组成部分，可以把图层想象成是一张一张叠起来的透明胶片，每张透明胶片上都有不同的画面，改变图层的顺序和属性可以改变图像的最终效果。通过对图层的操作，使用其特殊功能可以创建很多复杂的图像效果。

本章学习要点

- 认识图层
- 管理图层
- 填充图层与调整图层
- 图层样式与图层混合

3.1 认识图层

3.1.1 课堂案例：合成星空下的水母

实例位置	实例文件>CH03>合成星空下的水母.psd
素材位置	素材文件>CH03>素材01.jpg、素材02.jpg
技术掌握	图层的移动、混合模式

微课视频

通过一个简单的合成案例，粗略认识图层，本案例最终效果如图3-1所示。

图3-2

（2）执行同样的操作，打开素材02文件，效果如图3-3所示。

图3-1

◢ **操作步骤**

（1）打开Photoshop，执行"文件>打开"菜单命令，在弹出的对话框中选择"素材文件>CH03>素材01"文件，效果如图3-2所示。

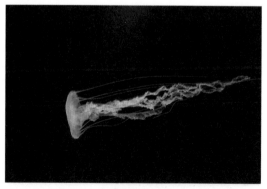

图3-3

（3）选择移动工具，将素材02拖到素材01中，效果如图3-4所示，在"图层"面板中生成"图层1"，如图3-5所示。

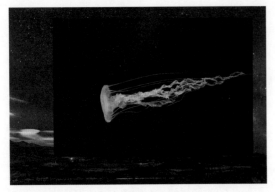

图3-4

（4）在"图层"面板中将"图层1"的混合模式修改为"滤色"，如图3-6所示，图像窗口中的效果如图3-7所示。

图3-5   图3-6

图3-7

（5）选择移动工具，将"图层1"中的图像移动到图3-8所示的位置，即可得到最终效果。

图3-8

3.1.2 "图层"面板

"图层"面板是Photoshop中最重要、最常用的面板，主要用于创建、编辑和管理图层，以及为图层添加样式，如图3-9所示。

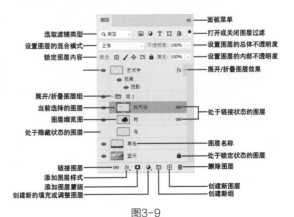

图3-9

"图层"面板选项介绍

● 面板菜单 ≡：单击该图标，打开"图层"面板的面板菜单，如图3-10所示。

● 选取滤镜类型：当文档中的图层较多时，可以在该下拉列表中选择一种过滤类型，以减少图层的显示，可供选择的类型有"类型""名称""效果""模式""属性""颜色"和"选定"。例如，如图3-11所示，"笔记"和"耳机"两个图层被标记为橙色，在"选取滤镜类型"下拉列表中选择"颜色"选项后，在"图层"面板中会过滤掉标记了颜色的图层，只显示没有标记颜色的图层。如图3-12所示。

图3-10

💡 小提示

注意，"选取滤镜类型"中的"滤镜"并不是指菜单栏中的"滤镜"菜单命令，而是"过滤"的颜色，也就是对某一种图层类型进行过滤。

图3-11　　　　　　　　图3-12

● 打开或关闭图层过滤●：单击该按钮，可以开启或关闭图层的过滤功能。

● 设置图层的混合模式：用来设置当前图层的混合模式，使之与下层的图像混合。

● 锁定图层内容 锁定：图 / ✦ 口 ♠：这一排按钮用于锁定当前图层的某种属性，使其不可编辑。

● 设置图层的总体不透明度：用来设置当前图层的总体不透明度。

● 设置图层的内部不透明度：用来设置当前图层的填充不透明度。该选项与"不透明度"选项类似，但是不会影响图层样式效果。

● 展开/折叠图层效果 ⌃：单击该图标可以展开或折叠图层效果，以显示出当前图层添加的所有效果的名称。

● 当前选择的图层：当前处于选择或编辑状态的图层。处于这种状态的图层在"图层"面板中显示为灰色的底色。

● 处于链接状态的图层 ∞：当链接好两个或两个以上的图层以后，图层名称右侧会显示链接标志。链接好的图层可以一起进行移动或变换等操作。

● 图层名称：显示图层的名称。

● 处于锁定状态的图层 🔒：当图层缩略图右侧显示有该图标时，表示该图层处于锁定状态。

● 链接图层 ∞：用来链接当前选择的多个图层。

● 添加图层样式 fx：单击该按钮，在弹出的菜单中选择一种样式，可以为当前图层添加一个图层样式。

● 添加图层蒙版 ▢：单击该按钮，可以为当前图层添加一个蒙版。

● 创建新的填充或调整图层 ◉：单击该按钮，在弹出的菜单中选择相应的命令可创建填充

图层或调整图层。

● 创建新组 ▭：单击该按钮可以新建一个图层组。

● 创建新图层 ⊞：单击该按钮可以新建一个图层。

● 删除图层 🗑：单击该按钮可以删除当前选择的图层或图层组。

 小提示

在默认状态下，缩略图的显示方式为小缩略图，如图3-13所示。要更改图层缩略图的显示大小，可以在图层缩略图上单击鼠标右键，在弹出的快捷菜单中选择相应的显示方式即可，如图3-14所示。

此外，还可以在"图层"面板的菜单中选择"面板选项"命令，打开"图层面板选项"对话框，在该对话框中也可以选择图层缩略图的显示大小，如图3-15所示。

图3-13

图3-14　　　　　　　　图3-15

3.1.3 新建图层

在Photoshop的操作中，经常会遇到新建图层和背景图层与普通图层之间的转化，熟练掌握相关的知识能提升工作效率。新建图层的方法有很多种，可以在"图层"面板中创建新的普通空白图层，也可以复制已有图层来创建新的图层，还可以将图像中的局部创建为新的图层，当然也可以通过相应的命令来创建不同类型的图层，下面介绍4种新建图层的方法。

1. 在"图层"面板中创建图层

单击"图层"面板底部的"创建新图层"按钮，如图3-16所示，即可在当前图层的上一层新建一个图层，如图3-17所示。要在当前图层的下一层新建一个图层，按住Ctrl键单击"创建新图层"按钮 ▣ 即可，如图3-18所示。

图3-16

图3-17

图3-18

小提示

注意，如果当前图层为背景图层，如图3-19所示，则按不按Ctrl键，新建的图层都位于背景图层上一层，如图3-20所示。

图3-19   图3-20

2. 用"新建"命令新建图层

如果要在创建图层时设置图层的属性，则执行"图层>新建>图层"菜单命令，在弹出的"新建图层"对话框中设置图层的名称、颜色、混合模式和不透明度等，如图3-21所示。按住Alt键单击"创建新图层"按钮或直接按Shift+Ctrl+N组合键也可以打开"新建图层"对话框。

图3-21

小提示

在"新建图层"对话框中可以设置图层的颜色，例如，

图3-22

设置"颜色"为"蓝色"，如图3-22所示，那么新建出来的图层会被标记为蓝色，这样有助于区分不同用途的图层，如图3-23所示。

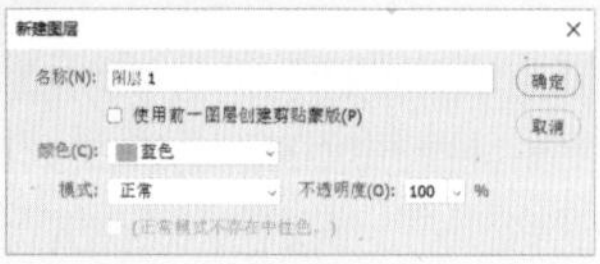

图3-23

3. 用"通过拷贝的图层"命令创建图层

选择一个图层以后，执行"图层>新建>通过拷贝的图层"菜单命令或按Ctrl+J组合键，可以将当前图层复制一份，如图3-24所示；如果当前图像中存在选区，如图3-25所示，则执行该命令可以将选区中的图像复制到一个新的图层中，如图3-26所示。

图3-24

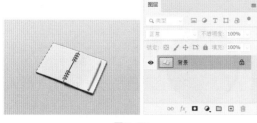

图3-25

图3-26

4. 用"通过剪切的图层"命令创建图层

如果在图像中创建了选区，如图3-27所示，则执行"图层>新建>通过剪切的图层"菜单命令或按Shift+Ctrl+J组合键，可以将选区内的图像剪切到一个新的图层中，原本图层选区位置将被背景色填充，如图3-28所示。

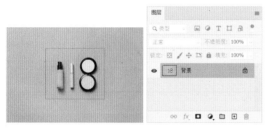

图3-27

图3-28

3.1.4 背景图层的转换

在一般情况下，背景图层都处于锁定无法编辑的状态。如果要对背景图层进行操作，就需要将其转换为普通图层。当然，也可以将普通图层转换为背景图层。

1. 将背景图层转换为普通图层

将背景图层转换为普通图层，可以采用以下4种方法。

（1）在背景图层上单击鼠标右键，在弹出的快捷菜单中选择"背景图层"命令，如图3-29所示，打开"新建图层"对话框，单击"确定"按钮即可将其转换为普通图层，如图3-30所示。

图3-29　　　　图3-30

（2）在背景图层的缩略图上双击鼠标左键，打开"新建图层"对话框，然后单击"确定"按钮即可。

（3）按住Alt键双击背景图层的缩略图，背景图层将直接转换为普通图层。

（4）执行"图层>新建>背景图层"菜单命令，可以将背景图层转换为普通图层。

2. 将普通图层转换为背景图层

将普通图层转换为背景图层，可以采用以下两种方法。

（1）在图层名称上单击鼠标右键，在弹出的快捷菜单中选择"拼合图像"命令，如图3-31所示，此时图层被转换为背景图层，如图3-32所示。另外，执行"图层>拼合图像"菜单命令，也可以将图像拼合成背景图层。

图3-31

图3-32

图3-33所示的素材在使用"拼合图像"命令之后，当前所有图层都会被合并到背景图层中，如图3-34所示。

图3-33　　　　　　图3-34

（2）：执行"图层>新建>图层背景"菜单命令，可以将普通图层转换为背景图层。

3.2 管理图层

3.2.1 课堂案例：调整图层位置

实例位置	实例文件>CH03>调整图层位置.psd
素材位置	素材文件>CH03>素材03.jpg
技术掌握	图层管理

微课视频

本案例中的素材是包含"背景""木盘""小碗""勺子"和"柠檬"5个图层，要求将"木盘"图层放置在图像左侧三分之一处，将"小碗"图层和"勺子"图层放置在"木盘"图层上方，将"柠檬"图层放置在图像右下角，最终效果如图3-35所示。

图3-35

操作步骤

（1）打开Photoshop，执行"文件>打开"菜单命令，在弹出的对话框中选择"素材文件>CH03>素材03"文件，效果如图3-36所示。

图3-36

（2）选择移动工具，在"图层"面板中选择"木盘"图层，如图3-37所示，然后在图像窗口中拖曳木盘，将"木盘"图层放置在图像左侧三分之一处，如图3-38所示。

图3-37　　　　　　图3-38

（3）在"图层"面板中选择"小碗"图层，如图3-39所示，在图像窗口中拖曳小碗，将"小碗"图层放置在"木盘"图层上方，效果如图3-40所示。

图3-39　　　　　　图3-40

（4）在"图层"面板中选择"勺子"图层，如图3-41所示，在图像窗口中拖曳勺子，将"勺子"图层放置在"木盘"图层上方，效果如图3-42所示。

图3-41　　　　　　图3-42

（5）在"图层"面板中选择"柠檬"图层，如图3-43所示，在图像窗口中拖曳柠檬，将"柠檬"图层放置在图像右下角，最终效果如图3-44所示。

图3-43　　　　　　　　　图3-44

图3-47

3.2.2 图层的基本操作

图层的基本操作包括选择/取消选择图层、复制图层、删除图层、显示/隐藏图层、链接与取消链接图层和修改图层的名称与颜色。

1. 选择/取消选择图层

如果要对文档中的某个图层进行操作，就必须先选中该图层。在Photoshop中，可以选择单个图层，也可以选择多个连续的图层或选择多个非连续的图层。

● 要选择一个图层，只需在"图层"面板中单击该图层即可将其选中，如图3-45所示，选中"柠檬"图层。

● 要选择多个连续的图层，先选择位于连续顶端的图层，然后按住Shift键，单击位于连续底端的图层，即可选择这些连续的图层；也可以在选中一个图层的情况下，按住Ctrl键依次单击要选择的其他图层的名称。如图3-46所示，选中"柠檬"到"小碗"图层。

图3-45　　　　　　　图3-46

🔅 **小提示**

要按住Ctrl键连续选择多个图层，只能单击其他图层的名称，绝对不能单击图层缩略图，否则会载入图层的选区。

● 要选择多个非连续的图层，可以先选择其中一个图层，然后按住Ctrl键单击其他图层的名称。如图3-47所示，选中"柠檬""小碗""背景"3个图层。

🔅 **小提示**

选择一个图层后，按Ctrl+]组合键可以将当前图层切换为与之相邻的上一个图层；按Ctrl+[组合键可以将当前图层切换为与之相邻的下一个图层。

● 要选择所有图层，可以执行"选择>所有图层"菜单命令或按Alt+Ctrl+A组合键，如图3-48所示。

图3-48

🔅 **小提示**

执行"选择>所有图层"菜单命令会选择除背景图层以外的所有图层。

● 要选择链接的图层，先选择一个链接图层，然后执行"图层>选择链接图层"菜单命令即可。

● 如果不想选择任何图层，则在"图层"面板最下面的空白处单击，即可取消选择所有图层，如图3-49所示。另外，执行"选择>取消选择图层"菜单命令也可以达到相同的目的。

图3-49

2. 复制图层

复制图层在Photoshop中经常用到，这里讲解4种复制图层的方法。

（1）选择一个图层，然后执行"图层>复制图层"菜单命令，单击"确定"按钮即可复制选中图层。如图3-50所示，复制"勺子"图层。

（2）选择要复制的图层，然后在其名称上单击鼠标右键，在弹出的快捷菜单中选择"复制图层"命令，即可复制选中图层。

（3）直接将图层拖到"创建新图层"按钮 回 上，即可复制选中图层。

（4）选择需要复制的图层，按Ctrl+J组合键。

图3-50

3. 删除图层

要删除一个或多个图层，先将其选中，然后执行"图层>删除图层>图层"菜单命令，即可删除选中的图层。如图3-51所示，删除"勺子"图层。

图3-51

 小提示

要快速删除图层，可以将其拖到"删除图层"按钮 🗑 上，也可以按Delete键。

4. 显示/隐藏图层

图层缩略图左侧的眼睛图标 ● 用来控制图层的可见性。有该图标的图层为可见图层，没有该图标的图层为隐藏图层，单击眼睛图标 ● 可以在图层的显示与隐藏之间切换。图3-52所示的素材，隐藏"柠檬"图层后的效果如图3-53所示。

图3-52

图3-53

5. 链接与取消链接图层

要同时处理多个图层中的内容（如移动、应用变换或创建剪贴蒙版），可以将这些图层链接在一起。选择两个或多个图层，然后执行"图层

>链接图层"菜单命令，或单击"图层"面板底部的"链接图层"按钮 ∞，如图3-54所示，可以将这些图层链接起来，如图3-55所示。再次单击该按钮可以取消图层链接。

图3-54　　　　　　图3-55

💡 小提示

将图层链接在一起后，移动其中一个图层或对其进行变换时，与其链接的图层也会发生相应的变化。如图3-56所示，"小碗"和"勺子"图层处于链接状态，选择移动工具对素材中的"小碗"图层进行移动，这时链接的"勺子"图层也会相应进行移动，效果如图3-57所示。

图3-56

图3-57

6. 修改图层的名称与颜色

在一个图层较多的文档中，修改图层名称及颜色有助于快速找到相应的图层。要修改某个图层的名称，可以执行"图层>重命名图层"菜单命令，也可以在图层名称上双击，激活名称输入框，如图3-58所示，然后

图3-58

在输入框中输入新名称即可。

要修改图层的颜色,先选择该图层,然后在图层缩略图或图层名称上单击鼠标右键,在弹出的快捷菜单中选择相应的颜色即可,如图3-59和图3-60所示。

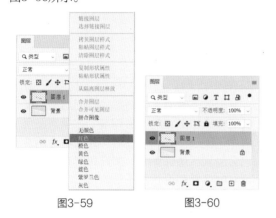

图3-59　　　　　　图3-60

3.2.3 栅格化图层

对于文字图层、形状图层、矢量蒙版图层和智能对象等包含矢量数据的图层,不能直接在上面进行编辑,需要先将其栅格化以后才能进行相应的操作。选择需要栅格化的图层,然后执行"图层>栅格化"菜单下的子命令,可以将相应的图层栅格化,如图3-61所示。

图3-61

栅格化图层内容介绍

● 文字:栅格化文字图层,使文字变为栅格

图像,如图3-62和图3-63所示。栅格化文字图层以后,文本内容将不能再编辑。

图3-62　　　　　　图3-63

● 智能对象:栅格化智能对象图层,使其转换为像素图像。

● 图层/所有图层:执行"图层"命令,可以栅格化当前选定的图层;执行"所有图层"命令,可以栅格化包含矢量数据、智能对象和生成的数据的所有图层。

3.2.4 调整图层的排列顺序

在创建图层时,"图层"面板将按照创建的先后顺序来排列图层,创建图层以后,可以重新调整其排列顺序,调整图层的排列顺序的方法有两种。

1. 在"图层"面板中调整图层的排列顺序

在"图层"面板中选中需要调整的图层,然后拖曳图层至目标位置,即可调整图层顺序,将图3-64中的"西瓜"图层拖曳到"蓝色纸张"图层下方,得到图3-65所示的效果。

图3-64

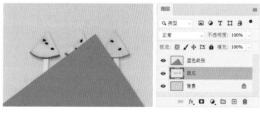

图3-65

2. 用"排列"命令调整图层的排列顺序

通过"排列"命令也可以改变图层排列的顺序。选择一个图层,然后执行"图层>排列"菜单下的子命令,可以调整图层的排列顺序,如图3-66所示。

图3-66

"排列"命令介绍

● 置为顶层：将所选图层调整到最顶层，或按Shift+Ctrl+]组合键。

● 前/后移一层：将所选图层向上或向下移动一个堆叠顺序，或按Ctrl+]组合键和Ctrl+[组合键。

● 置为底层：将所选图层调整到最底层，或按Shift+Ctrl+[组合键。

● 反向：在"图层"面板中选择多个图层，执行该命令可以反转所选图层的排列顺序。

3.2.5 调整图层的不透明度与填充

"图层"面板中有专门针对于图层的不透明度与填充进行调整的选项，两者在一定程度上都是针对不透明度进行调整，100%为完全不透明，50%为半透明，0%为完全透明。图3-67包括背景图层和两个一模一样的文字图层，文字图层都添加了相同的投影效果，将"图层1"的不透明度修改为0%，得到图3-68所示的效果，"图层1"和它的投影效果一起消失了；将"图层2"的填充修改为0%，得到图3-69所示的效果，"图层2"消失了，但它的投影效果还在。

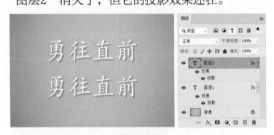

图3-67

图3-68

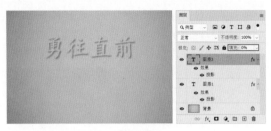

图3-69

💡 **小提示**

不透明度用于控制图层、图层组中绘制的像素和形状的不透明度，如果对图层应用了图层样式，则图层样式的不透明度也会受到该值的影响。填充只影响图层中绘制的像素和形状的不透明度，不会影响图层样式的不透明度。

3.2.6 对齐与分布图层

对齐与分布图层在Photoshop中运用非常广泛，能对多个图层进行快速对齐或按照一定的规律均匀分布。

1. 对齐图层

将多个图层对齐，需要在"图层"面板中选择这些图层，然后执行"图层>对齐"菜单下的子命令，如图3-70所示。图3-71包括背景图层和4个图标图层，将4个图标图层选择后，执行"图层>对齐>垂直居中"菜单命令，得到图3-72所示的效果。

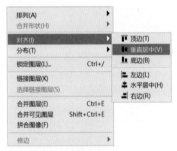

图3-70

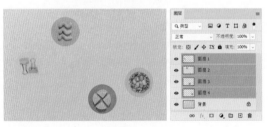

图3-71

图3-72

2. 分布图层

当一个文档包含多个图层（至少为3个图层，且背景图层除外）时，可以执行"图层>分布"菜单下的子命令将这些图层按照一定的规律均匀分布，如图3-73所示。

图3-73

图3-74包括背景图层和4个图标图层，将4个图标图层选中后，执行"图层>对齐>水平居中"菜单命令，得到图3-75所示的效果。

图3-74

图3-75

3.2.7 合并与盖印图层

文档含有过多的图层、图层组及图层样式，会耗费非常多的内存资源，从而减慢计算机的运行速度。遇到这种情况，可以通过删除无用的图层、合并同一个内容的图层等操作来减小文档的大小。

1. 合并图层

合并图层就是将两个或两个以上的图层合并到一个图层上，主要包括向下合并、合并可见图层和拼合图像。

● 向下合并

向下合并图层是将当前图层与它下方的图层合并，可以执行"图层>向下合并"菜单命令或按Ctrl+E组合键合并图层。

● 合并可见图层

合并可见图层是将当前所有的可见图层合并为一个图层，如图3-76所示，执行"图层>合并可见图层"菜单命令将其合并，如图3-77所示。

图3-76　　　　　　图3-77

● 拼合图像

拼合图像是将所有可见图层合并，隐藏的图层被丢弃，执行"图层>拼合图像"菜单命令即可，如图3-78和图3-79所示。

图3-78　　　　　　图3-79

2. 盖印图层

"盖印"是一种合并图层的特殊方法，它可以将多个图层的内容合并到一个新的图层中，同时保持其他图层不变。盖印图层在实际工作中经常用到，是一种很实用的图层合并方法。

● 向下盖印图层

选择一个图层，如图3-80所示，然后按Ctrl+Alt+E组合键，可以将该图层中的图像盖印到下面的图层中，原始图层的内容保持不变，如图3-81所示。

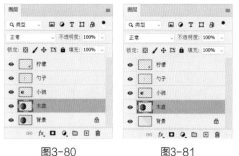

图3-80　　　　　　图3-81

●盖印多个图层

如果选择了多个图层，如图3-82所示，则按Ctrl+Alt+E组合键，可以将这些图层中的图像盖印到一个新的图层中，原始图层的内容保持不变，如图3-83所示。

图3-82　　　　　图3-83

●盖印可见图层

按Ctrl+Shift+Alt+E组合键，则可以将所有可见图层盖印到一个新的图层中，如图3-84和图3-85所示。

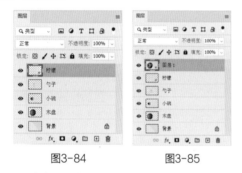

图3-84　　　　　图3-85

●盖印图层组

选择图层组，然后按Ctrl+Alt+E组合键，可以将组中所有图层内容盖印到一个新的图层中，原始图层组中的内容保持不变。

3.2.8 创建与解散图层组

随着图像的不断编辑，图层往往会越来越多，少则几个，多则几十个、几百个，要在如此多的图层中找到需要的图层，将是一件非常麻烦的事情。如果使用图层组来管理同一个内容部分的图层，就可以使"图层"面板中的图层结构更加有条理，寻找起来也更加方便快捷。

创建图层组后，可以方便快捷地移动整个图层组的所有图像，提高工作效率。

1. 创建图层组

创建图层组的方法有3种：在"图层"面板中创建图层组、用"新建"命令创建图层组和从所选图层创建图层组。

（1）如图3-86所示，单击"图层"面板底部的"创建新组"按钮 ，可以创建一个空白的图层组，如图3-87所示。

图3-86　　　　　图3-87

（2）如果要在创建图层组时设置组的名称、颜色、混合模式和不透明度，则执行"图层>新建>组"菜单命令，在弹出的"新建组"对话框中设置这些属性，如图3-88和图3-89所示。

图3-88　　　　　图3-89

（3）选择一个或多个图层，如图3-90所示，然后执行"图层>图层编组"菜单命令或按Ctrl+G组合键，可以为所选图层创建一个图层组，如图3-91所示。

图3-90

图3-91

2. 取消图层编组

要取消图层编组,可以执行"图层>取消图层编组"菜单命令或按Shift+Ctrl+G组合键,也可以在图层组名称上单击鼠标右键,在弹出的快捷菜单中选择"取消图层编组"命令,如图3-92所示。

图3-92

3.2.9 将图层移入或移出图层组

选择一个或多个图层,然后将其拖到图层组内,如图3-93和图3-94所示;相反,将图层组中的图层拖到组外,可以将其移出。

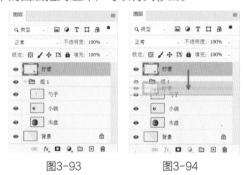

图3-93　　　　图3-94

3.3 填充图层与调整图层

3.3.1 课堂案例:利用调整图层修改图像色彩

实例位置	实例文件>CH03>利用调整图层修改图像色彩.psd
素材位置	素材文件>CH03>素材04.jpg
技术掌握	"色相/饱和度"调整图层

微课视频

本案例通过添加"色相/饱和度"图层,将图像素材从偏红色调调整成偏黄色调,最终效果如图3-95所示。

图3-95

操作步骤

(1)打开Photoshop,执行"文件>打开"菜单命令,在弹出的对话框中选择"素材文件>CH03>素材04"文件,效果如图3-96所示。

图3-96

(2)执行"图层>新建调整图层>色相/饱和度"命令,在"新建图层"对话框中单击"确定"按钮,打开"色相/饱和度"面板,如图3-97所示,"图层"面板会自动添加一个自带蒙版的"色相/饱和度"调整图层,如图3-98所示。

图3-97　　　　图3-98

(3)观察到素材中的树木和落叶都是红色的,所以先选择红色,如图3-99所示,然后将色相滑块拖曳到+26位置,即可得到图3-100所示的偏黄色调。

图3-99　　　　图3-100

3.3.2 填充图层

填充图层是一种比较特殊的图层,它可以使用纯色、渐变和图案填充图层。与调整图层不同,填充图层不会影响它下面的图层。

1. 纯色填充图层

纯色填充图层可以用一种颜色填充图层,并

带有一个图层蒙版。打开图3-101所示的含有两个图层的素材，在"图层"面板先选择背景图层，然后执行"图层>新建填充图层>纯色"菜单命令，弹出"新建图层"对话框，如图3-102所示，在该对话框中可以设置纯色填充图层的名称、颜色、混合模式和不透明度，并且可以为下一图层创建剪贴蒙版。

图3-101

图3-102

在"新建图层"对话框中设置好相关选项以后，单击"确定"按钮，打开"拾色器"对话框，拾取一种颜色，如图3-103所示，

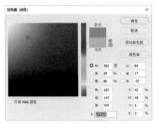

图3-103

单击"确定"按钮创建一个纯色填充图层，如图3-104所示。创建好纯色填充图层后，可以调整"混合模式""不透明度"或编辑自带的蒙版，使其与下面的图像混合在一起。

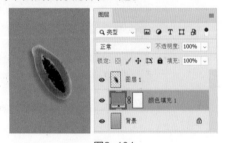

图3-104

2. 渐变填充图层

渐变填充图层可以用一种渐变色填充图层。执行"图层>新建填充图层>渐变"菜单命令，打开"新建图层"对话框，在该对话框中可以设置渐变填充图层的名称、颜色、混合模式和不透明度，并且可以为下一图层创建剪贴蒙版。

打开图3-105所示的含有两个图层的素材，在"图层"面板先选择背景图层，然后执行"图层>新

图3-105

建填充图层>渐变"菜单命令，打开"新建图层"对话框，参照图3-106设置参数，单击"确定"按钮，创建一个渐变填充图层，最终效果如图3-107所示。与纯色填充图层相同，渐变填充图层也可以设置"混合模式""不透明度"或编辑蒙版，使其与下面的图像混合在一起。

图3-106

图3-107

3. 图案填充图层

与纯色填充图层和渐变填充图层一样，图案填充图层是用一种图案填充图层。执行"图层>新建填充图层>图案"菜单命令，打开"新建图层"对话框，在该对话框中可以设置图案填充图层的名称、颜色、混合模式和不透明度，并且可以为下一图层创建剪贴蒙版。

打开图3-108所示的素材，选择横排蒙版文字工具，在素材中输入"斗志昂扬"文字，确定后得到图3-109所示的文字选区。然后执行"图层>新建填充图层>图案"菜单命令，打开"新建图层"对话框，参照图3-110设置参数，单击

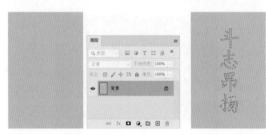

图3-108　　　　　　　图3-109

图3-110

"确定"按钮,创建一个渐变填充图层,最终效果如图3-111所示。与纯色填充图层相同,渐变填充图层也可以设置"混合模式""不透明度"或编辑蒙版,使其与下面的图像混合在一起。

图3-111

💡 小提示

填充图层也可以直接在"图层"面板中创建,单击"图层"面板底部的"创建新的填充或调整图层"按钮 ◐,在弹出的菜单中选择相应的命令即可,如图3-112所示。

图3-112

3.3.3 调整图层

调整图层是一种非常重要且特殊的图层,它不仅可以调整图像的颜色和色调,而且不会破坏图像的像素。

1. 调整图层与调色命令的区别

在Photoshop中,调整图像色彩有两种基本的方法。

(1)直接执行"图像>调整"菜单下的调色

命令进行调节,这种方法属于不可修改方法,也就是说,一旦调整了图像的色调,就不可以再重新修改调色命令的参数。

(2)打开图3-113所示的图像,以"色相/饱和度"调色命令为例进行说明。执行"图层>新

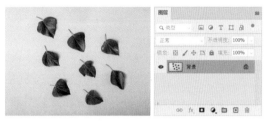

图3-113

建调整图层>色相/饱和度"菜单命令,如图3-114所示,会在背景图层的上方创建一个"色相/饱和度"图层,此时可以在"属性"面板中设置相关参数,效果如图3-115所示,与第1种调色方式不同的是调整图层将保留下来,如果对调整效果不满意,则可以重新设置其参数,并且还可以编辑"色相/饱和度"调整图层的蒙版,使调色只针对背景中的某一区域,如图3-116所示。

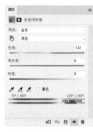

图3-114

图3-115

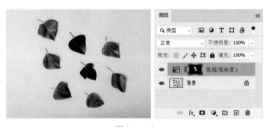

图3-116

综上所述,调整图层的优点如下。

(1)编辑不会破坏图像。可以随时修改调整图层的相关参数值,并且可以修改其"混合模式"与"不透明度"。

(2)编辑具有选择性。在调整图层的蒙版上绘画,可以将调整应用于图像的一部分。

（3）能够将调整应用于多个图层。调整图层不仅可以只对一个图层产生作用（创建剪贴蒙版），还可以对下面的所有图层产生作用。

2."调整"面板

执行"窗口>调整"菜单命令，打开"调整"面板，如图3-117所示，该面板包含"调整预设""您的预设"和"单一调整"3个选项栏。

图3-117

打开"调整预设"选项栏可以看到图3-118所示的人像、风景、照片修复、创意、黑白、电影的等调整预设。对图3-119所示的素材使用"调整预设"（人像-忧郁蓝）时，只需单击即可，效果如图3-120所示。

打开"您的预设"，可以创建自己的预设，如图3-121所示；打开"单一调整"可以创建相应的调整图层，如图

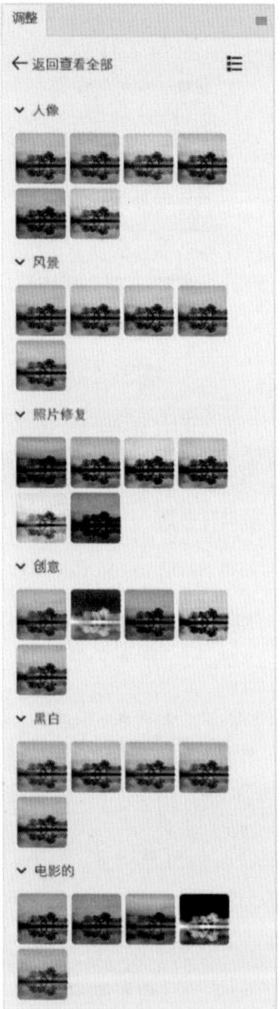

图3-118　　　　图3-119

图3-120

3-122所示，也就是说，这些选项与"图层>新建调整图层"菜单下的命令相对应。

图3-123为"调整"面板的面板菜单，在其中可以快速为图层添加各种调整图层。

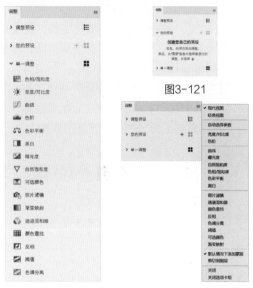

图3-121

图3-122　　　　图3-123

3.属性面板

创建调整图层以后，可以在"属性"面板中修改其参数，如图3-124所示。

单击可剪切到图层　　　　删除此调整图层
查看上一状态　　　　切换图层可见性
复位到调整默认值

图3-124

属性面板选项介绍

●"单击可剪切到图层" ⬚：对图3-125所示的素材添加"色相/饱和度"调整图层后，单击该按钮，可以将调整图层设置为下一图层的剪

图3-125

贴蒙版，让该调整图层只作用于它下面的一个图层，如图3-126所示；再次单击该按钮，调整图层会影响下面的所有图层，如图3-127所示。

图3-126

图3-127

● 查看上一状态👁：单击该按钮，可以在文档窗口中查看图像的上一个调整效果，以比较两种不同的调整效果。

● 复位到调整默认值↺：单击该按钮，可以将调整参数恢复到默认值。

● 切换图层可见性👁：单击该按钮，可以隐藏或显示调整图层。

● 删除此调整图层🗑：单击该按钮，可以删除当前调整图层。

4. 新建调整图层

新建调整图层的方法有以下3种。

（1）执行"图层>新建调整图层"菜单下的调整命令。

（2）单击"图层"面板底部的"创建新的填充或调整图层"按钮◑，在弹出的菜单中选择相应的调整命令，如图3-128所示。

（3）执行"窗口>调整"菜单命令，打开"调整"面板，然后单击相应按钮。

图3-128

3.4 图层样式与图层混合

3.4.1 课堂案例：给人像涂上好看的口红

实例位置	实例文件>CH03>给人像涂上好看的口红.psd
素材位置	素材文件>CH03>素材05.jpg
技术掌握	掌握图层样式和图层混合模式的用法

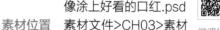

微课视频

本案例利用图层样式和图层混合模式给人像涂上好看且有质感的口红，最终效果如图3-129所示。

（1）打开Photoshop，执行"文件>打开"菜单命令，在弹出的对话框中选择"素材文件>CH03>素材05"文件，效果如图3-130所示。

图3-129　　　　　　　图3-130

（2）执行"图层>新建>图层"菜单命令，在弹出的"新建图层"对话框中单击"确定"按钮，创建"图层1"，如图3-131所示。

（3）在工具箱中单击前景色图标选择图3-132所示的颜色，然后选择画笔工具，设置为"柔边圆"，在图像窗口中的人像嘴唇上涂抹，效果如图3-133所示。

图3-131　　　　　　　图3-132

图3-133

（4）在"图层"面板中将"图层1"的混合模式修改为"正片叠底"，效果如图3-134所示。

图3-134

（5）执行"图层>图层样式>混合模式"菜单命令，打开"图层样式"对话框，按住Alt键，单击混合颜色带中"下一图层"的白色滑块，如图3-135所示，调整分开后的两个滑块分别位于181和224处，透出下层人像的高光部分细节，如图3-136所示。

图3-135

图3-136

3.4.2 添加图层样式

如果要为一个图层添加图层样式，先要打开"图层样式"对话框。打开"图层样式"对话框的方法主要有以下3种。

（1）执行"图层>图层样式"菜单下的子命令，如图3-137所示，弹出"图层样式"对话框，如图3-138所示。

（2）单击"图层"面板底部的"添加图层样式"按钮，在弹出的菜单中选择一种样式，即

图3-137

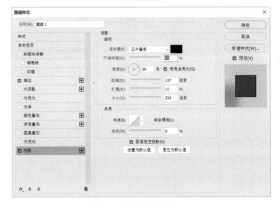

图3-138

可打开"图层样式"对话框，如图3-139所示。

（3）在"图层"面板中双击需要添加样式的图层缩略图，也能打开"图层样式"对话框。

图3-139

💡 **小提示**

背景图层和图层组不能应用图层样式。要对背景图层应用图层样式，可以按住Alt键双击图层缩略图，将其转换为普通图层以后再进行添加；要为图层组添加图层样式，需要先将图层组合并为一个图层。

3.4.3 "图层样式"对话框

"图层样式"对话框左侧列出了10种样式，如图3-140所示。样式名称前面的复选框内有√标记，表示在图层中添加了该样式。

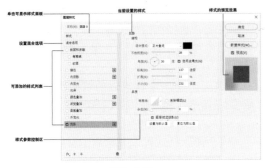

图3-140

单击一个样式的名称，可以选中该样式，同时切换到该样式的设置面板，如图3-141所示。

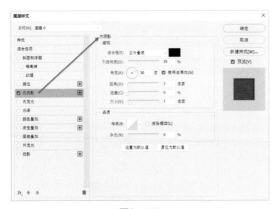

图3-141

💡 小提示

单击样式名称前面的复选框，可以应用该样式，但不会显示样式设置面板，如图3-142所示。

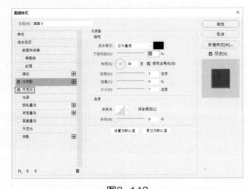

图3-142

在"图层样式"对话框中设置好样式参数以后，单击"确定"按钮即可为选定图层添加样式，添加了样式的图层右侧会出现一个 fx 图标，如图3-143所示。另外，单击图标可以折叠或展开图层样式列表，如图3-144所示。

图3-143　　　　　　图3-144

图3-145所示的素材包含两个图层，选择上面的文字图层后，打开图层样式，然后为图层添加各种图层样式，查看图层样式效果。

图3-145

1. 斜面和浮雕

使用"斜面和浮雕"样式可以为图层添加高光与阴影，使图像产生立体的浮雕效果，设置图3-146所示的参数，得到图3-147所示的浮雕效果。

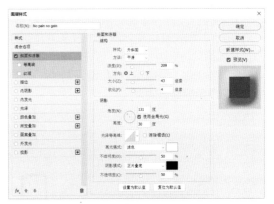

图3-146

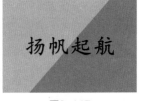

图3-147

斜面和浮雕选项介绍

● 样式：选择斜面和浮雕的样式。选择"外斜面"，可以在图层内容的外侧边缘创建斜面；选择"内斜面"，可以在图层内容的内侧边缘创建斜面；选择"浮雕效果"，可以使图层内容相对于下层图层产生浮雕状的效果；选择"枕状浮雕"，可以模拟图层内容的边缘嵌入下层图层中产生的效果；选择"描边浮雕"，可以将浮雕应用于图层的"描边"样式的边界（注意如果图层没有"描边"样式，则不会产生效果）。

● 方法：用来选择创建浮雕的方法。选择"平滑"，可以得到比较柔和的边缘；选择"雕刻清晰"，可以得到最精确的浮雕边缘；选择"雕刻柔和"，可以得到中等水平的浮雕效果。

● 深度：用来设置浮雕斜面的应用深度，数值越高，浮雕的立体感越强。

● 方向：用来设置高光和阴影的位置。该选项与光源的角度有关，例如，设置"角度"为130°时，选择"上"方向，阴影位于下面；选择"下"方向，阴影位于上面。

● 大小：该选项表示斜面和浮雕的阴影面积的大小。

● 软化：用来设置斜面和浮雕的平滑程度。

● 角度/高度：这两个选项用于设置光源的发光角度和光源的高度。

● 光泽等高线：选择不同的等高线样式，可以为斜面和浮雕的表面添加不同的光泽质感，也可以自己编辑等高线样式。

2. 描边

"描边"样式可以使用颜色、渐变色及图案来描绘图像的轮廓边缘，将"填充"的"不透明度"设置为0%，参照图3-148设置参数，得到图3-149所示的描边效果。

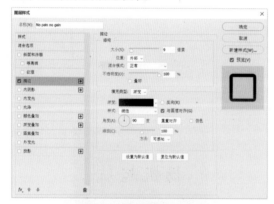

图3-148

图3-149

"描边"选项介绍

● 位置：选择描边的位置。

● 混合模式：设置描边效果与下层图像的混合模式。

● 填充类型：设置描边的填充类型，包含"颜色""渐变"和"图案"3种类型。

3. 内阴影

"内阴影"样式可以在紧靠图层内容的边缘内添加阴影，使图层内容产生凹陷效果，将"填充"的"不透明度"设置为0%，参照图3-150设置参数，得到图3-151所示的效果。

图3-150

图3-151

"内阴影"选项介绍

● 混合模式/不透明度："混合模式"选项用来设置内阴影效果与下层图像的混合方式，"不透明度"选项用来设置内阴影效果的不透明度。

● 设置阴影颜色：单击"混合模式"选项右侧的颜色块，可以设置阴影的颜色。

● 距离：用来设置内阴影偏移图层内容的距离。

● 大小：用来设置内阴影的模糊范围，值越低，内阴影越清晰，反之，内阴影的模糊范围越广。

● 杂色：用来在内阴影中添加杂色。

4. 内发光

使用"内发光"样式可以沿图层内容的边缘向内创建发光效果，将"填充"的"不透明度"设置为0%，参照图3-152设置参数，得到图3-153所示的效果。

"内发光"选项介绍

● 设置发光颜色：单击"杂色"选项下面的

图3-152

图3-153

颜色块,可以设置内发光颜色;单击颜色块后面的渐变条,可以在"渐变编辑器"对话框中选择或编辑渐变色。

● 方法:用来设置发光的方式。选择"柔和"选项,发光效果比较柔和;选择"精确"选项,可以得到精确的发光边缘。

● 源:用于选择内发光的位置,包含"居中"和"边缘"两种方式。

● 范围:用于设置内发光的发光范围。数值越低,内发光范围越大,发光效果越清晰;数值越高,内发光范围越低,发光效果越模糊。

5. 光泽

使用"光泽"样式可以为图像添加光滑的、有光泽的内部阴影,通常用来制作具有光泽质感的按钮和金属,设置"不透明度"为0%,然后参照图3-154设置参数,得到图3-155所示的效果。

图3-154

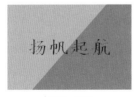

图3-155

6. 颜色叠加

使用"颜色叠加"样式可以在图像上叠加设置的颜色效果。参照图3-156设置参数,得到图3-157所示的效果。

图3-156   图3-157

7. 渐变叠加

使用"渐变叠加"样式可以在图层上叠加指定的渐变色效果。参照图3-158设置参数,得到图3-159所示的效果。

图3-158

图3-159

8. 图案叠加

使用"图案叠加"样式可以在图像上叠加设置的图案效果。参照图3-160设置参数,得到图3-161所示的效果。

图3-160

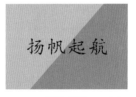

图3-161

9. 外发光

使用"外发光"样式可以沿图层内容的边缘向外创建发光效果,"不透明度"设置为0%,然后参照图3-162设置参数,得到图3-163所示的效果。

图3-162

图3-163

"外发光"选项介绍

●扩展/大小:"扩展"选项用来设置发光范围的大小;"大小"选项用来设置光晕范围的大小。这两个选项是有很大关联的,设置"大小"可以得到最柔和的外发光效果,设置"扩展"可以得到类似于描边的效果。

10. 投影

使用"投影"样式可以为图层添加投影,使其产生立体感,"不透明度"设置为0%,参照图3-164设置参数,得到图3-165所示的效果。

图3-164

图3-165

3.4.4 编辑图层样式

为图像添加图层样式以后,如果对样式效果不满意,则还可以重新编辑,以得到最佳的样式效果。

1. 显示与隐藏图层样式

要隐藏一个样式,可以单击关闭该样式前面的眼睛图标 ●,如图3-166所示;要隐藏某个图层中的所有样式,可以单击关闭"效果"前面的眼睛图标 ●,如图3-167所示。

 小提示

要隐藏整个文档中图层的图层样式,可以执行"图层>图层样式>隐藏所有效果"菜单命令。

图3-166   图3-167

2. 修改图层样式

要修改某个图层样式,可以执行"修改图层样式"命令或在"图层"面板中双击该样式的名称,然后在打开的"图层样式"对话框中重新进行编辑。

3. 复制/粘贴与清除图层样式

●复制/粘贴图层样式

要将某个图层的样式复制到其他图层,可以选择该图层,然后执行"图层>图层样式>拷贝图层样式"命令,或者在图层名称上单击鼠标右键,在弹出的快捷菜单中选择"拷贝图层样式"命令,接着选择目标图层,执行"图层>图层样式>粘贴图层样式"菜单命令,或者在目标图层的名称上单击鼠标右键,在弹出的快捷菜单中选择"粘贴图层样式"命令。

●清除图层样式

要删除某个图层样式,可以将该样式拖到

"删除图层"按钮 🗑 上。

4.缩放图层样式

将一个图层A的样式拷贝并粘贴给另外一个图层B后，图层B中的样式将保持与图层A的样式的大小比例。例如，将大文字图层的样式拷贝并粘贴到小文字图层，虽然大文字图层的尺寸比小文字图层大得多，但拷贝给小文字图层的样式的大小比例不会发生变化，为了让样式与小文字图层的尺寸比例相匹配，只需执行"图层>图层样式>缩放效果"菜单命令，在弹出的"缩放图层效果"对话框中设置"缩放"数值即可。

3.4.5 图层的混合模式

"混合模式"是Photoshop的一项非常重要的功能，它决定了当前图层的像素与下面图层的像素的混合方式，可以用来创建各种特效，并且不会损坏原始图像的任何内容。当前图层又叫"混合色"图层，下面图层又叫"基色"图层，混合后的效果叫"结果色"。在绘画工具和修饰工具的选项栏，以及"渐隐""填充""描边"命令和"图层样式"对话框中都含有混合模式。

在"图层"面板中选择一个图层，单击面板顶部的"混合模式"下拉列表，可以从中选择一种混合模式。图层的"混合模式"分为6组，共37种，如图3-168所示。

正常 溶解	组合模式组
变暗 正片叠底 颜色加深 线性加深 深色	加深模式组
变亮 滤色 颜色减淡 线性减淡（添加） 浅色	减淡模式组
叠加 柔光 强光 亮光 线性光 点光 实色混合	对比模式组
差值 排除 减去 划分	比较模式组
色相 饱和度 颜色 明度	色彩模式组

图3-168

各组混合模式介绍

• 组合模式组：该组中的混合模式需要降低图层的"不透明度"或"填充"数值才能起作用，这两个参数的数值越低，就越能看到下面的图像。

• 加深模式组：该组中的混合模式可以使图像变暗。在混合过程中，当前图层的白色像素会被下层较暗的像素替代。

• 减淡模式组：该组与加深模式组产生的混合效果完全相反，它们可以使图像变亮。在混合过程中，图像中的黑色像素会被较亮的像素替换，而任何比黑色亮的像素都可能提亮下层图像。

• 对比模式组：该组中的混合模式可以加强图像的差异。在混合时，50%的灰色会完全消失，任何亮度值高于50%灰色的像素都可能提亮下层的图像，亮度值低于50%灰色的像素则可能使下层图像变暗。

• 比较模式组：该组中的混合模式会比较当前图像与下层图像，将相同的区域显示为黑色，不同的区域显示为灰色或彩色。如果当前图层中包含白色，那么白色区域会使下层图像反相，而黑色不会对下层图像产生影响。

• 色彩模式组：使用该组中的混合模式时，Photoshop会将色彩分为色相、饱和度和亮度3种要素，然后将其中的一种或两种应用在混合后的图像中。

1.组合模式组

组合模式组包括"正常"和"溶解"。

• 正常：这是Photoshop默认的模式。在正常情况下（"不透明度"为100%），上层图像将完全遮盖住下层图像，只有降低"不透明度"才能与下层图像相混合，如图3-169所示。

图3-169

• 溶解：在"不透明度"和"填充"为100%时，该模式不会与下层图像相混合，只有这两个数值中的其中一个或两个低于100%时才能产生效果，使透明度区域上的像素发生离散，结果色由基色或混合色的像素随机替换，如图3-170所示。

2.加深模式组

加深模式组包括"变暗""正片叠底""颜色加深""线性加深"和"深色"。

图3-170

● 变暗：口诀"谁暗谁保留"，软件会比较每个通道中的颜色信息，并选择基色或上层图像中较暗的颜色作为结果色，同时替换比上层图像亮的像素，而比上层图像暗的像素保持不变，如图3-171所示。

图3-171

● 正片叠底：软件会查看每个通道中的颜色信息，并将基色与混合色进行正片叠底，结果色总是较暗的颜色。任何颜色与黑色混合产生黑色，与白色混合则保持不变，如图3-172所示。

图3-172

● 颜色加深：软件会通过增加上下层图像之间的对比度使像素变暗，与白色混合后不产生变化，如图3-173所示。

图3-173

● 线性加深：软件会通过减小亮度使像素变暗，与白色混合不产生变化，如图3-174所示。

图3-174

● 深色：软件会比较混合色和基色的所有通道值的总和并显示值较小的颜色。"深色"不会生成第三种颜色（可以通过"变暗"混合获得），因为它将从基色和混合色中选取最小的通道值来创建结果色，如图3-175所示。

图3-175

3. 减淡模式组

减淡模式组包括"变亮""滤色""颜色减淡""线性减淡"和"浅色"。

● 变亮：口诀"谁亮谁保留"，软件会比较上层和下层的颜色，然后选择下层或上层中较亮的颜色作为结果色，如图3-176所示。

图3-176

● 滤色：软件会查看每个通道的颜色信息，并将混合色的互补色与基色进行正片叠底。结果色总是较亮的颜色。用黑色过滤时颜色保持不变，用白色过滤将产生白色。此效果类似于多个摄影幻灯片在彼此之上投影，如图3-177所示。

图3-177

● "颜色减淡"模式：软件会查看每种颜色的色彩信息，并通过减小对比度来提亮颜色值，使图像变亮，与黑色混合则不发生变化，如图3-178所示。

图3-178

● "线性减淡"模式：软件会查看每种颜色的色彩信息，并通过增加色彩的亮度来提亮颜色值，使图像变亮，如图3-179所示。

图3-179

● "浅色"模式：软件会比较混合色和基色的所有通道值的总和并显示值较大的颜色。"浅色"不会生成第三种颜色（可以通过"变亮"混合获得），因为它将从基色和混合色中选取最大的通道值来创建结果色，如图3-180所示。

图3-180

4. 对比模式组

对比模式组包括"叠加""柔光""强光""亮光""线性光""点光"和"实色混合"。

● 叠加：软件会对颜色进行正片叠底或过滤，具体取决于基色。图案或颜色在现有像素上叠加，同时保留基色的明暗对比。不替换基色，但基色与混合色相混以反映原色的亮度或暗度，如图3-181所示。

● 柔光：软件会使颜色变暗或变亮，具体取决于混合色。此效果与发散的聚光灯照在图像上

图3-181

相似。如果混合色（光源）比50%灰色亮，则图像变亮，就像被减淡了一样。如果混合色（光源）比50%灰色暗，则图像变暗，就像被加深了一样。使用纯黑色或纯白色上色，可以产生明显变暗或变亮的区域，但不能生成纯黑或纯白色，如图3-182所示。

图3-182

● 强光：软件会对颜色进行正片叠底或过滤，具体取决于混合色。此效果与耀眼的聚光灯照在图像上相似。如果混合色（光源）比50%灰色亮，则图像变亮，就像过滤后的效果。这对于向图像添加高光非常有用。如果混合色（光源）比50%灰色暗，则图像变暗，就像正片叠底后的效果，如图3-183所示。

图3-183

● 亮光：软件会通过增加或减小对比度来加深或减淡颜色，具体取决于混合色。如果混合色（光源）比50%灰色亮，则通过减小对比度使图像变亮。如果混合色比50%灰色暗，则通过增加对比度使图像变暗，如图3-184所示。

● 线性光：软件会通过减小或增加亮度来加深或减淡颜色，具体取决于混合色。如果混合色（光源）比50%灰色亮，则通过增加亮度使图像变亮。如果混合色比50%灰色暗，则通过减小亮

度使图像变暗，如图3-185所示。

图3-184

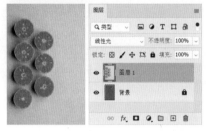

图3-185

● 点光：软件会根据混合色替换颜色。如果混合色（光源）比50%灰色亮，则替换比混合色暗的像素，而不改变比混合色亮的像素。如果混合色比50%灰色暗，则替换比混合色亮的像素，而比混合色暗的像素保持不变，如图3-186所示。

图3-186

● 实色混合：软件会将混合颜色的红色、绿色和蓝色通道值添加到基色的RGB值。如果通道的结果总和大于或等于255，则值为255；如果小于255，则值为0。因此，所有混合像素的红色、绿色和蓝色通道值要么是0，要么是255。此模式会将所有像素更改为主要的加色（红色、绿色或蓝色）、白色或黑色，如图3-187所示。

图3-187

5.比较模式组

比较模式组包括"差值""排除""减去"和"划分"。

● 差值：软件将查看每个通道中的颜色信息，并从基色中减去混合色，或从混合色中减去基色，具体取决于哪一个颜色的亮度值更大。与白色混合将反转基色值；与黑色混合则不产生变化，如图3-188所示。

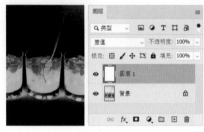

图3-188

● 排除：软件会创建一种与"差值"模式相似但对比度更低的效果。与白色混合将反转基色值，与黑色混合则不发生变化，如图3-189所示。

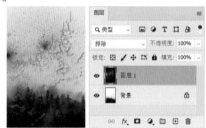

图3-189

● 减去：软件将对上层图像和底层两个层RGB值中的每个值分别进行比较，然后从底层中减去上层图像作为结果色的颜色，如果相减过程中出现负数或者RGB值为零，则均为黑色，如图3-190所示。

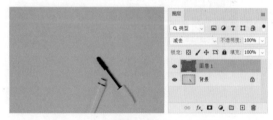

图3-190

● 划分：软件将对上层图像和底层两个层RGB值中的每个值分别进行比较，然后将底层中RGB值大于或等于上层图像的颜色确定为白色；将底层中RGB值小于上层图像的颜色压暗，最终结果色的效果对比非常强烈，如图3-191所示。

图3-191

6. 色彩模式组

色彩模式组包括"色相""饱和度""颜色"和"明度"。

• 色相：软件只用上层图像的色相进行着色，而饱和度和亮度保持不变，即结果色的亮度和饱和度取决于底层，色相取决于上层图像，如图3-192所示。

图3-192

• 饱和度：软件只用上层图像的饱和度进行着色，而色相和亮度保持不变，即结果色的亮度及色相取决于底层，饱和度取决于上层图像，如图3-193所示。

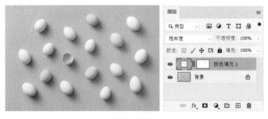

图3-193

• 颜色：软件只用上层图像的色相与饱和度替换下层图像的色相和饱和度，而亮度保持不变，即结果色的亮度取决于底层，色相与饱和度取决于上层图像，如图3-194所示。

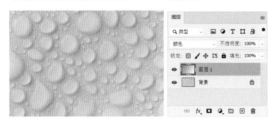

图3-194

• 明度：软件只用上层图像的亮度替换底层的亮度，而色相与饱和度保持不变，即结果色的色相与饱和度取决于底层，亮度取决于上层图像，如图3-195所示。

图3-195

课后习题

• 制作逼真的影子

实例位置	实例文件>CH03>制作逼真的影子.psd	微课视频
素材位置	素材文件>CH03>素材07.jpg、素材08.PNG	
技术掌握	掌握图层样式的用法	

本案例给物体制作逼真的影子，最终效果如图3-196所示。

图3-196

（1）打开Photoshop，执行"文件>打开"菜单命令，在弹出的对话框中选择"素材文件>CH03>素材07"文件，效果如图3-197所示。

图3-197

（2）打开"素材08.PNG"文件，导入素材07中，然后执行"编辑>变换>缩放"菜单命令，调整素材08的大小和位置，如图3-198所示。

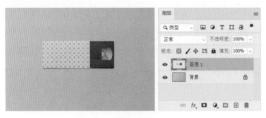

图3-198

（3）按Ctrl+J组合键将素材08复制一层，然后执行"选择>载入选区"菜单命令，载入素材08拷贝图层的选区，效果如图3-199所示。

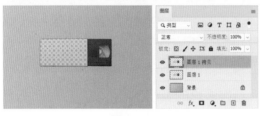

图3-199

（4）按Shift+F5组合键，打开"填充"对话框，为选区填充黑色，然后按Ctrl+D组合键取消选区，得到图3-200所示的效果。

图3-200

（5）选择移动工具，将"素材08拷贝"图层中的图像移动到图3-201所示的位置。

图3-201

（6）执行"滤镜>模糊>高斯模糊"菜单命令，设置"半径"为150像素，单击确定 确定 按钮，效果如图3-202所示。

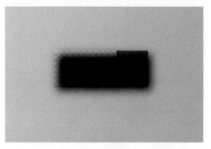

图3-202

（7）在"图层"面板中将素材08拷贝图层的"不透明度"修改为75%，如图3-203所示，并将它移动到素材08图层下方，效果如图3-204所示。

图3-203　　　　图3-204

（8）假设光从左上角照射过来，所以选择橡皮擦工具，将素材上方和左侧多余的影子擦掉，最终效果如图3-205所示。

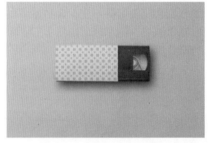

图3-205

第4章 > 选区

📖 本章导读

在第1章已经简单了解了选区，它是一个由封闭虚线围住的区域，可以是正方形、长方形、圆形、植物的形状、动物的形状等规则或者不规则形状。建立选区后，可以对选区内的图像进行复制、删除、移动、替换、生成、扩展、抠图、调色等操作，选区外的区域不受任何影响。使用AI插件Firefly智能生成填充的基础是建立选区，所以本章讲解能够创建选区的各种工具和对选区的各种基本操作。

🎯 本章学习要点

- 基本选择工具
- 选区的基本操作
- 常用选择命令

4.1 基本选择工具

Photoshop提供了很多选择工具和选择命令，它们都有各自的优势和劣势，针对不同的对象，可以使用不同的选择工具。基本选择工具包括矩形选框工具、椭圆选框工具、单行选框工具、单列选框工具、套索工具、多边形套索工具、磁性套索工具、对象选择工具、快速选择工具、魔棒工具和图框工具。熟练掌握这些基本工具的使用方法，可以快速创建所需的选区。

4.1.1 课堂案例：利用创成式填充给图像换个背景

实例位置	实例文件>CH04>利用创成式填充给图像换个背景.psd
素材位置	素材文件>CH04>素材01
技术掌握	AI插件Firefly的"替换背景"功能

微课视频

本案例使用"替换背景"功能对素材背景进行替换，最终效果如图4-1所示。

◢ 操作步骤

（1）打开Photoshop，执行"文件>打开"菜单命令，在弹出的对话框中选择"素材文件>CH04>素材01"文件，效果如图4-2所示。

图4-1

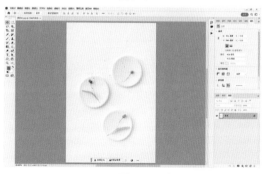

图4-2

（2）选择对象选择工具，单击素材背景创建图4-3所示的选区。

（3）在上下文任务栏中单击"创成式填充"按钮，输入"木头桌面"的英文"Wooden tabletop"，如图4-4所示。

第 4 章 选区 > 087

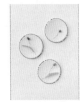

图4-3

（4）在上下文任务栏中单击“生成”按钮，图像窗口中出现图4-5所示的进度条。等进度条的完成度为100%后，利用AI插件Firefly智能生成图4-6所示的效果。

Wooden tabletop
取消
生成

图4-4

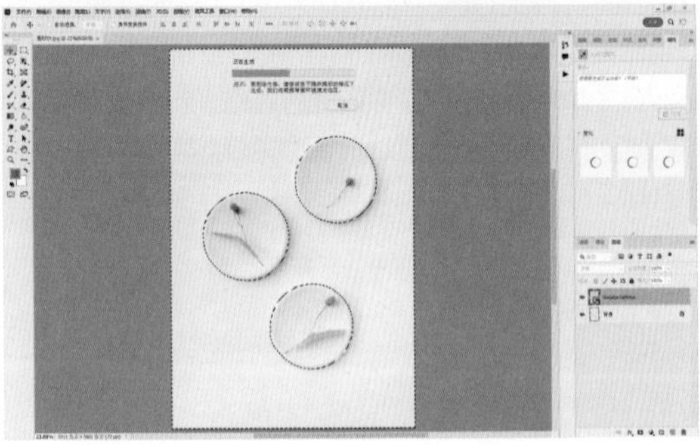

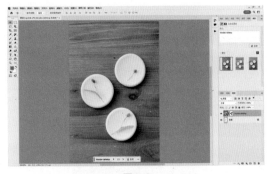

图4-5

图4-6

（5）可以在“属性”面板中选择图4-7和图4-8所示的其他两张效果图进行查看，选择其中最满意的一张保存，或者继续进行扩展填充，直到满意为止。

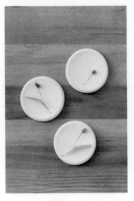

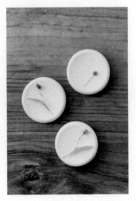

图4-7

图4-8

4.1.2 选框工具

选框工具包括矩形选框工具、椭圆选框工具、单行选框工具和单列选框工具，它们的选项栏都是一样的，如图4-9所示。

选框工具选项介绍

- 新选区：激活该按钮以后，可以创建一个新选区，如图4-10所示。如果已经存在选区，那么新创建的选区将替代原来的选区。
- 添加到选区：激活该按钮以后，可以将当前创建的选区添加到原来的选区中（按住Shift键也可以实现相同的操作），如图4-11所示。

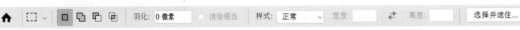

羽化:
0 像素
消除锯齿
样式:
正常
宽度:
高度:
选择并遮住...

图4-9

图4-10

图4-11

- 从选区减去：激活该按钮以后，可以将当前创建的选区从原来的选区中减去（按住Alt键也可以实现相同的操作）。在原有选区上按图4-12所示的红色提示框创建选区，得到图4-13所示的效果。

图4-12

- 与选区交叉：激活该按钮以后，新建选区时只保留原有选区与新创建的选区相交的部分（按Alt+Shift组合键也可以实现相同的操作）。在选区上按图4-14所示的红色提示框创建选区，得到图4-15所示的效果。
- 羽化：让选区内外衔接的部分虚化，起到渐变过渡或者平滑边缘的作用，主要用来设置选

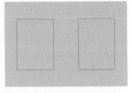

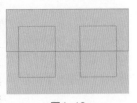

图4-13

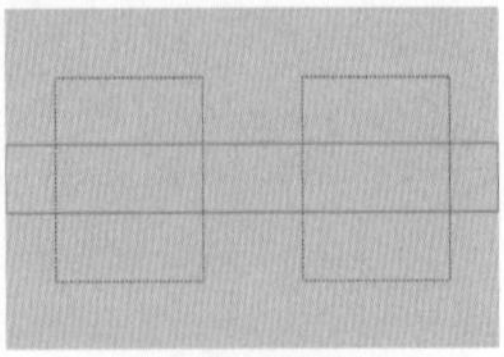

图4-14

区的羽化范围,将同样大小的两个选区"羽化"值分别设置为0像素和50像素,填充颜色后的边界效果如图4-16所示。

图4-15　　　　　　　　图4-16

在羽化选区时,如果提醒选区边不可见,是因为设置的"羽化"数值过大,以至于任何像素都不大于50%选择,所以Photoshop会弹出一个警告对话框,提醒用户羽化后的选区将不可见(选区仍然存在),如图4-17所示。

图4-17

● 消除锯齿:只有在使用椭圆选框工具和其他选区工具时,"消除锯齿"选项才可用。由于"消除锯齿"只影响边缘像素,因此不会丢失细节,在剪切、拷贝和粘贴选区图像时非常有用。图4-18和图4-19(放大后)分别为勾选与关闭"消除锯齿"选项,填充颜色后的图像边缘效果。

图4-18

图4-19

画幅较小的图像是否勾选"消除锯齿"皆可,但是画幅较大的图像一定要勾选"消除锯齿",这样的图像即使画幅很大,边缘也较平滑,整体也很清晰。

● 样式:用来设置矩形选区的创建方法。选择"正常"选项时,可以创建任意大小的矩形选区;选择"固定比例"选项时,可以在右侧的"宽度"和"高度"文本框中输入数值,以创建固定比例的选区(例如,设置"宽度"为1,"高度"为2,创建出来的矩形选区的高度就是宽度的2倍);选择"固定大小"选项时,可以在右侧的"宽度"和"高度"文本框中输入数值,然后单击左键创建一个固定大小的选区(单击"高度和宽度互换"按钮 可以切换"宽度"和"高度"的数值)。

● 选择并遮住:单击该按钮可以打开"选择并遮住"对话框,在该对话框中可以创建选区,并对选区进行平滑、羽化和智能除杂色等处理,如图4-20所示。

图4-20

对于形状比较规则的图案(如圆形、椭圆形、正方形和长方形),可以使用最简单的矩形选框工具或椭圆选框工具进行选择,如图4-21和图4-22所示。

图4-21

图4-22

图4-23　　　　　　　图4-24

1. 矩形选框工具

矩形选框工具主要用来制作矩形选区和正方形选区（按住Shift键可以创建正方形选区），在矩形选框工具选项栏中输入固定比例为2：4，如图4-25所示。比如对素材创建长宽比例为2：4的矩形选区，如图4-26所示，然后将选区内容复制一层并移动到相框素材上，效果如图4-27所示。

图4-25

钮，在图像中创建单列选区，常用来制作网格效果。为图像添加图4-30所示的单列和单行选区，填充颜色后效果如图4-31所示。

图4-26　　　　　　　图4-27

2. 椭圆选框工具

椭圆选框工具主要用来制作椭圆选区和圆形选区（按住Shift键可以创建圆形选区），比如对树叶素材创建一个椭圆选区，如图4-28所示，然后将选区内容复制一层并移动到新的背景素材上，如图4-29所示。

 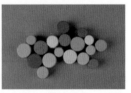

图4-30　　　　　　　图4-31

4.1.3 套索工具

套索工具主要用于获取不规则的图像区域，手动性比较强，可以获得比较复杂的选区。套索工具主要包括3个工具，即套索工具、多边形套索工具和磁性套索工具。

1. 套索工具

使用套索工具，可以非常自由地绘制形状不规则的选区。选择套索工具以后，在图像上拖曳鼠标绘制选区边界，松开鼠标，选区将自动闭合。比如对海洋素材创建图4-32所示的选区，在上下文任务栏中单击"创成式填充"按钮，输入"橘子"的英文"Oranges"，如图4-33所示，在上下文任务栏中单击"生成"按钮，等生成的进度条的完成度为100%后，利用AI插件Firefly智能生成图4-34所示的效果。

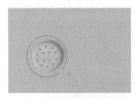 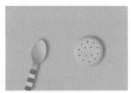

图4-28　　　　　　　图4-29

3. 单行/单列选框工具

使用单行选框工具和单列选框工具，可以在图像中创建网格形选区。选择单行选框工具，然后在图像中单击，创建单行选区，接着选择单列选框工具，在选项栏中单击"添加到选区"按

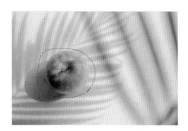

图4-32

图4-33

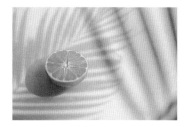

图4-34

图4-35 图4-36

💡 小提示

在使用多边形套索工具绘制选区时，按住Shift键，可以在水平方向、垂直方向或与水平方向呈45°夹角的方向上绘制直线。另外，按Delete键可以删除最近绘制的直线。

似。多边形套索工具适合创建一些转角比较强烈的不规则选区。如图4-35所示，用多边形套索工具对素材中的对象创建一个选区，然后在上下文任务栏中单击"创成式填充"按钮，接着在上下文任务栏中不输入任何文字，直接单击"生成"按钮，等生成的进度条的完成度为100%后，利用AI插件Firefly智能擦除得到图4-36所示的效果。

💡 小提示

使用套索工具绘制选区时，如果在绘制过程中按住Alt键，则松开左键以后（不松开Alt键），Photoshop会自动切换到多边形套索工具。

2. 多边形套索工具

多边形套索工具与套索工具的使用方法类

3. 磁性套索工具

磁性套索工具可以自动识别对象的边界，特别适合快速选择与背景对比强烈的对象，其选项栏如图4-37所示。

图4-37

磁性套索工具选项介绍

• 宽度："宽度"值决定了以鼠标指针中心为基准，周围有多少个像素能够被磁性套索工具检测到。如果对象的边缘比较清晰，则可以设置较大的值；如果对象的边缘比较模糊，则可以设置较小的值，图4-38和图4-39分别是"宽度"值为5像素和245像素时检测到边缘的效果。

💡 小提示

在使用磁性套索工具勾画选区时，按住CapsLock键，鼠标指针会变成⊙形状，圆形的大小就是该工具能够检测到的边缘宽度。另外，按[键和]键可以调整检测宽度。

图4-38 图4-39

• 对比度：该选项主要用来设置磁性套索工具感应图像边缘的灵敏度。如果对象的边缘比较

清晰，则可以将该值设置得高一些；如果对象的边缘比较模糊，则可以将该值设置得低一些。

• 频率：在使用磁性套索工具勾画选区时，Photoshop会生成很多锚点，"频率"选项就是用来设置锚点的数量。数值越高，生成的锚点越多，捕捉到的边缘越准确，但是可能会造成选区不够平滑，图4-40和图4-41分别是"频率"为1和50时生成的锚点。

图4-40　　　　　　图4-41

使用磁性套索工具时，套索边界会自动对齐图像的边缘，如图4-42所示。当勾选完比较复杂的边界时，还可以按住Alt键切换到多边形套索工具，以勾选转角比较强烈的边缘，如图4-43所示。

图4-42　　　　　　图4-43

● 使用绘图板压力以更改钢笔宽度 ✐：如果计算机配有数位板和压感笔，则激活该按钮，Photoshop会根据压感笔的压力自动调节磁性套索工具的检测范围。

如图4-44所示，用磁性套索工具对相框素材创建一个选区，执行"选择>反选"菜单命令反选选区，在上下文任务栏中单击"创成式填充"按钮，输入"桌子"的英文"table"，如图

4-45所示，在上下文任务栏中单击"生成"按钮，等生成的进度条的完成度为100%后，利用AI插件Firefly智能生成图4-46所示的效果。

图4-44　　　　　　图4-46

| table | ··· | 取消 | 🗘 生成 |

图4-45

4.1.4 自动选择工具

自动选择工具可以识别图像中的颜色，快速绘制选区，包括对象选择工具、快速选择工具和魔棒工具。

1. 对象选择工具

对象选择工具可快速在图像中选择素材中的对象，如人物、动物、自然景物、建筑物等，用户只需在对象或区域周围绘制一个矩形区域或套索区域，或者让对象选择工具自动检测并选择图像内的对象或区域即可，而且使用对象选择工具所建立的选区非常精确，并保留了选区边缘的细节。图4-47是它的选项栏。

🏠 ▪ □ □ □ □ ☑ 对象查找程序 🗘 🔲 ⚙ 模式：○套索 ▾ □ 对所有图层取样 ☑ 硬化边缘 ▢ 选择主体 ▾ 选择并遮住…

图4-47

对象选择工具选项介绍

● 对象查找程序：勾选后，将在"对象查找器"选项右边看到一个不停旋转的刷新图标。将鼠标指针悬停在图像上，如图4-48所示，软件会自动识别图像中的对象或区域，单击所需对象或区域即可创建选区，如图4-49所示。

图4-48　　　　　　图4-49

● 模式：用于设置对象选择工具创建选区时的样式。如果不想使用自动选择，则可以关闭选

项栏中的对象查找程序，然后在模式中选择"矩形"或"套索"。选择"矩形"选项，拖曳鼠标创建选区时，可定义对象或区域周围的矩形区域，主要应用在给规则对象或区域创建选区，如图4-50所示；选择"套索"选项，拖曳鼠标创建选区时，可在对象的边界或区域外绘制一个粗略的形状选区，主要应用在给不规则对象创建选区，如图4-51所示。

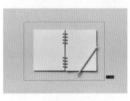

图4-50　　　　　　图4-51

● 显示所有对象：单击"显示所有对象"按钮 ▣ ，可以直接显示素材中的所有对象，如图4-52所示。

● 附加选项：在图4-53所示的附加选项中可以启用减去对象，选择对象查找程序模式，选择叠加选项的颜色、轮廓、不透明度等属性。

图4-52　　　　　　　　　图4-53

● 减去对象：减去对象在删除当前对象选区内的背景区域时特别有用。图4-54是一个利用对象选择工具创建的选区，但是放大素材发现有部分区域需要除去，如图4-55所示，选择从选区减去 回 运算后，图4-56和图4-57分别是没有勾选"减去对象"和勾选"减去对象"后，框选该需要除去的区域得到的选区。

图4-54　　　　　　　　　图4-55

图4-56　　　　　　　　　图4-57

● 对所有图层取样：具有多个图层的素材，勾选该复选框后，软件会根据所有图层来创建选区。

● 硬化边缘：启用选区边界上的硬边。

选择对象选择工具，单击素材中的鹿创建图4-58所示的选区，执行"选择>反选"菜单命令得到图4-59所示的选区，在上下文任务栏中单击"创成式填充"按钮，输入"森林"的英文"The forest"，如图4-60所示，在上下文任务栏中单击"生成"按钮，等生成的进度条的完成度为100%后，利用AI插件Firefly智能生成图4-61所示的效果。

图4-58　　　　　　　　　图4-59

图4-60　　　　　　　　　图4-61

2. 快速选择工具

使用快速选择工具可以利用可调整的圆形笔尖迅速绘制出选区，拖曳笔尖时，选取范围不但会向外扩张，而且可以自动寻找并沿着图像的边缘来描绘边界。该工具的选项栏如图4-62所示。

图4-62

自动选择工具选项介绍

● 新选区 ☑ ：激活该按钮，可以创建一个新的选区。

● 添加到选区 🔲：激活该按钮，可以在原有选区的基础上添加新创建的选区。

● 从选区减去 🔲：激活该按钮，可以在原有选区的基础上减去当前绘制的选区。

● 画笔选择器：单击▋按钮，可以在弹出的"画笔"选择器中设置画笔的大小、硬度、间距、角度和圆度，如图4-63所示。在绘制选区的过程中，可以按[键和]键减小和增大画笔的大小。

图4-63

● 对所有图层取样：当图像含有多个图层时，勾选该复选框，将对所有可见图层的图像起作用，不勾选该复选框，只对当前选择图层起作用。

● 增强边缘：减少选区边界的粗糙度和块效应，优化选区。

● 选择主体：选择该选项，创建选区后会自动优化选区，突出主体。

选择快速选择工具，在左边橙子上拖曳鼠标创建图4-64所示的选区，然后执行"图层＞新建调整图层＞色相/饱和度"菜单命令，在"新建图层"对话框中单击"确定"按钮，打开"色相/饱和度"对话框，按图4-65所示调整色相参数，单击"确定"按钮并取消选区后得到图4-66所示的效果。

图4-64

图4-65

图4-66

3. 魔棒工具

魔棒工具不需要描绘出对象的边缘，就能为颜色一致的区域创建选区，在实际工作中使用频率相当高，其选项栏如图4-67所示。

图4-67

魔棒工具选项介绍

● 取样大小：用于设置魔棒工具的取样范围。选择"取样点"选项，可以对单击位置的像素进行取样；选择"4×4平均"选项，可以对单击位置4个像素区域内的平均颜色进行取样，其他的选项也是如此。

● 容差：容忍颜色差别的程度，决定所选像素之间的相似性或差异性，其取值范围为0～255。容差数值越大，被选择图像颜色的跨度就越大，容差数值越小，被选择图像颜色的跨度就越小。图4-68～图4-70分别为"容差"为10、40和80时，单击图像上方橙色区域得到的选区效果。

● 连续：勾选该复

图4-68

图4-69

图4-70

选框时，只选择颜色连接的区域，所创建的选区是连续的，单击图像中间橙色区域得到图4-71所示的选区；当关闭该复选框时，可以选择与所选像素颜色接近的所有区域，包括没有连接的区域，单击图像中间橙色区域得到图4-72所示的选区。

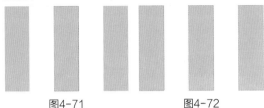

图4-71　　　　　　图4-72

● 对所有图层取样：如果文档包含多个图层，选择"图层1"，如图4-73所示。勾选该复选框后单击"图层1"区域，可以选择所有可见图层上颜色相近的区域，如图4-74所示；关闭该复选框后单击"图层1"区域，仅选择当前图层上颜色相近的区域，如图4-75所示。

图4-73

图4-74　　　　　　图4-75

选择魔棒工具，单击素材背景创建图4-76所示的选区，在上下文任务栏中单击"创成式填充"按钮，输入"桌子"的英文"table"，如图4-77所示，在上下文任务栏中单击"生成"按钮，等生成的进度条的完成度为100%后，利用AI插件Firefly智能生成图4-78所示的效果。

图4-76

图4-77

图4-78

4.1.5 图框工具

使用图框工具可以创建矩形或椭圆占位符画框，在画册、折页、名片和网页设计等方面使用非常广泛，其选项栏如图4-79所示。

图4-79

图框工具选项介绍

● 创建新的矩形画框⊠：激活该按钮，可以创建矩形占位符画框，如图4-80所示，创建一个矩形占位符画框，然后置入一张新的素材，得到图4-81所示的效果。

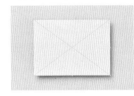

图4-80　　　　　　图4-81

● 创建新的椭圆画框⊗：激活该按钮，可以创建椭圆占位符画框，使用方法与矩形画框相似。

4.2 选区的基本操作

4.2.1 课堂案例：利用选区给图像背景调色

实例位置	实例文件>CH04>利用选区给图像背景调色.psd
素材位置	素材文件>CH04>素材02
技术掌握	创建选区、色相/饱和度命令

微课视频

本案例通过创建选区，对素材的背景进行调色，最终效果如图4-82所示。

图4-82

操作步骤

（1）打开Photoshop，执行"文件>打开"菜单命令，在弹出的对话框中选择"素材文件>CH04>素材02"文件，效果如图4-83所示。

（2）选择对象选择工具，单击素材中的吉他，创建图4-84所示的选区。

图4-83　　　　　　图4-84

（3）执行"选择>反选"菜单命令，得到图4-85所示的选区。

（4）执行"图像>调整>色相/饱和度"菜单命令，在弹出的"色相/饱和度"对话框中进行图4-86所示的设置，单击"确定"按钮后，按Ctrl+D组合键取消选区，得到图4-87所示的效果。

图4-85　　　　　　图4-86

图4-87

4.2.2 移动选区

使用矩形选框工具或椭圆选框工具创建选区后，将鼠标指针放在选区内部拖曳鼠标，可以移动选区，如图4-88和图4-89所示。如果要小幅

度移动选区，则在创建完选区后按键盘上的→、←、↑和↓键来进行移动。

图4-88　　　　　　图4-89

小提示

创建完选区以后，要移动选区内的图像，可以按V键选择移动工具，然后将鼠标指针放在图4-90所示的选区内，当鼠标指针变成剪刀状 时，拖曳选区即可移动选区内的图像，如图4-91所示。

 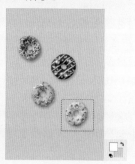

图4-90　　　　　　图4-91

4.2.3 填充选区

利用"填充"命令可以在当前图层或选区内填充颜色或图案，同时可以设置填充时的不透明度和混合模式。注意，文字图层和被隐藏的图层不能使用"填充"命令。

执行"编辑>填充"菜单命令或按Shift+F5组合键，打开"填充"对话框，如图4-92所示。

图4-92

"填充"对话框选项介绍

● 内容：用来设置填充的内容，包含前景色、背景色、颜色、内容识别、图案、历史记录、黑色、50%灰色和白色。图4-93所示是一

个相框的选区，图4-94所示是使用图案填充选区后的效果。

图4-93

图4-94

● 模式：用来设置填充内容的混合模式，创建选区如图4-95所示，设置"模式"为"色相"后，填充纯色（R：0，G：199，B：228）得到图4-96所示的效果。

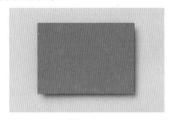

图4-95

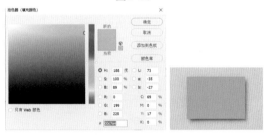

图4-96

● 不透明度：用来设置填充内容的不透明度，图4-97为设置"模式"为"色相"，"不透明度"为50%后，填充纯色（R：0，G：199，

图4-97

B：228）的效果。

● 保留透明区域：勾选该复选框，只填充图层中包含像素的区域，透明区域不会被填充。

4.2.4 全选与反选选区

执行"选择>全部"菜单命令或按Ctrl+A组合键，可以选择当前文档边界内的所有图像，如图4-98所示。全选图像对需要拷贝整个文档的图像非常有用。

图4-98

创建图4-99所示的选区以后，执行"选择>反向选择"菜单命令或按Shift+Ctrl+I组合键，可以反选选区，也就是选择图像中没有被选择的部分，如图4-100所示。

图4-99　　　　　图4-100

 小提示

创建选区以后，执行"选择>取消选择"菜单命令或按Ctrl+D组合键，可以取消选区状态。要恢复被取消的选区，可以执行"选择>重新选择"菜单命令。

4.2.5 隐藏与显示选区

创建选区以后，执行"视图>显示>选区边缘"菜单命令或按Ctrl+H组合键，可以隐藏选区；要将隐藏的选区显示出来，可以再次执行"视图>显示>选区边缘"菜单命令或按Ctrl+H组合键。

 小提示

隐藏选区后，选区仍然是存在的。

4.2.6 变换选区

使用矩形选框工具创建图4-101所示的选区，然后执行"选择>变换选区"菜单命令或按Alt+S+T组合键，可以对选区进行图4-102所示的移动操作；图4-103和图4-104是创建选区后

的旋转操作；图4-105和图4-106是创建选区后的缩放操作。

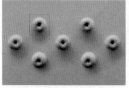

图4-101

图4-102

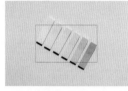

图4-103

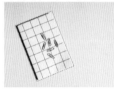

图4-104

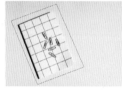

图4-105

图4-106

在缩放选区时，按住Shift键可以等比例缩放选区；按住Shift+Alt组合键可以以中心点为基准点等比例缩放选区。

在选区变换状态下，在画布中单击鼠标右键，还可以选择其他变换方式，如图4-107所示。

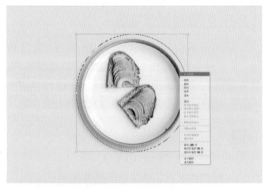

图4-107

小提示

选区变换和自由变换基本相同，此处就不重复讲解了，关于选区的变换操作请参考1.8.3节中的"自由变换"的相关内容。

4.2.7 修改选区

执行"选择>修改"菜单命令，弹出图4-108所示的菜单，使用这些命令可以对选区进行编辑。

图4-108

1. 创建边界选区

使用椭圆选框工具创建图4-109所示的选区，然后执行"选择>修改>边界"菜单命令，可以在弹出的"边界选区"对话框中将选区向两边扩展，扩展后的选区边界将与原来的选区边界形成新的选区，如图4-110所示。

图4-109

图4-110

2. 平滑选区

使用椭圆选框工具创建图4-111所示的选区，执行"选择>修改>平滑"菜单命令，可以在弹出的"平滑选区"对话框中对选区进行平滑处理，如图4-112所示。

图4-111

图4-112

3. 扩展与收缩选区

使用椭圆选框工具创建图4-113所示的选

区，执行"选择>修改>扩展"菜单命令，可以在弹出的"扩展选区"对话框中将选区向外扩展，如图4-114所示。

图4-113

图4-114

要向内收缩选区，可以执行"选择>修改>收缩"菜单命令，然后在弹出的"收缩选区"对话框中设置相应的"收缩量"即可，如图4-115所示。

图4-115

4.2.8 羽化选区

羽化选区是通过建立选区和选区周围像素之间的转换边界来模糊边缘，这种模糊方式将丢失选区边缘的一些细节。可以先使用选框工具或套索工具等其他选区工具创建出选区，如图4-116所示，然后执行"选择>修改>羽化"菜单命令或按Shift+F6组合键，在弹出的"羽化选区"对话框中定义选区的"羽化半径"，图4-117和图4-118是分别设置"羽化半径"为1像素和50像素后复制选区内容得到的图像效果。

图4-116

图4-117

图4-118

 小提示

如果选区较小，而"羽化半径"又设置得很大，Photoshop会弹出一个警告对话框，如图4-119所示。单击"确定"按钮以后，表示应用当前设置的羽化半径，此时选区可能会变得非常模糊，以至于在画面中观察不到，但是选区仍然存在。

图4-119

4.3 其他常用选择命令

4.3.1 课堂案例：利用选区生成所需内容

实例位置	实例文件>CH04>利用选区生成所需内容.psd
素材位置	素材文件>CH04>素材03
技术掌握	AI插件Firefly的"扩展填充"功能

微课视频

本案例要求在素材中间位置创建选区后，利用"扩展填充"功能为选区创建一根香蕉，最终效果如图4-120所示。

操作步骤

（1）打开Photoshop，执行"文件>打开"菜单命令，在弹出的对话框中选择"素材文件

>CH04>素材03"文件，效果如图4-121所示。

图4-120　　　　　图4-121

（2）选择矩形选框工具，在素材中间拖曳鼠标创建图4-122所示的选区。

（3）在上下文任务栏中单击"创成式填充"按钮，并输入"一根香蕉"的英文"a banana"，如图4-123所示。

图4-122　　　　　图4-123

（4）在上下文任务栏中单击"生成"按钮，图像窗口中出现图4-124所示的进度条。

图4-124

（5）等进度条完成度为100%后，从"属性"面板的3张效果缩略图中选择比较自然的一张，如图4-125所示。

图4-125

4.3.2　色彩范围

"色彩范围"命令可根据图像的颜色范围创

建选区，与魔棒工具比较相似，但是该命令提供了更多的控制选项，因此该命令的选择精度也要高一些。

打开图4-126所示的素材，执行"选择>色彩范围"菜单命令，打开"色彩范围"对话框，如图4-127所示。

图4-126

图4-127

"色彩范围"对话框选项介绍

● 选择：用来设置选区的创建方式，如图4-128所示。选择"取样颜色"选项，鼠标指针会变成 ✐ 形状，将鼠标指针放置在画布中的图像上，或在"色彩范围"对话框中的预览图像上单击，可以对颜色进行取样，如图4-129所示。选择"红色""黄色""绿色"和"青色"等选项，可以选择图像中特定的颜色，图4-130所示的白色部分表示原图中的红色区域。选择"高光""中间调"和"阴影"选项，可以选择图像中特定的色调，图4-131所示的白色部分表示原图中的阴影区域；选择"肤色"选项，可以选择与皮肤相

图4-128

近的颜色；选择"溢色"选项，可以选择图像中出现的溢色，如图4-132所示。

图4-129

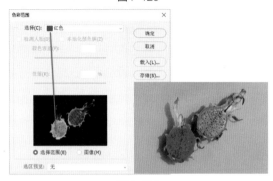

图4-130

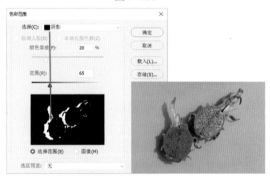

图4-131

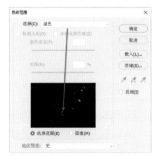

图4-132

● 颜色容差：用来控制颜色的选择范围。选取背景色，分别设置颜色容差为20和100时选择的颜色范围如图4-133和图4-134中的白色部分所示，数值越高，包含的颜色越广；数值越低，包含的颜色越窄。

图4-133　　　　　　　　图4-134

● 选区预览图：选区预览图下面包含"选择范围"和"图像"两个复选框。勾选"选择范围"复选框时，预览区域中的白色代表选择的区域，黑色代表未选择的区域，灰色代表部分选择的区域（即有羽化效果的区域），如图4-135所示；勾选"图像"复选框时，预览区内会显示彩色图像，如图4-136所示。

图4-135　　　　　　　　图4-136

打开图4-137所示的素材，执行"选择>色彩范围"菜单命令，打开"色彩范围"对话框，选择"取样颜色"选项和"添加到取样"吸管后多次单击素材背景，直到背景都为白色，如图4-138所示，确定后即可创建图4-139所示的选区。执行"图像>调整>色相/饱和度"菜单命令，打开"色相/饱和度"对话框，调整参数如图4-140所示，单击"确定"按钮后，执行"选择>取消选区"菜单命令得到图4-141所示的效果。

图4-137　　　　　　　　图4-138

图4-139

图4-140

图4-146

图4-141

4.3.3 描边选区

使用"描边"命令可以在选区、路径或图层周围创建任何颜色的边框。打开一张素材，并创建图4-142所示的选区，然后执行"编辑>描边"菜单命令或按Alt+E+S组合键，打开"描边"对话框，设置描边宽度为10像素，颜色选择黑色，如图4-143所示，确定后取消选区得到图4-144所示的效果。

● 位置：设置描边相对于选区的位置，包括"内部""居中"和"居外"3个选项，如图4-147~图4-149所示。

图4-147

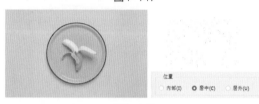

图4-148

图4-142

图4-149

● 混合：用来设置描边颜色的混合模式和不透明度，如果勾选"保留透明区域"复选框，则只对包含像素的区域进行描边。

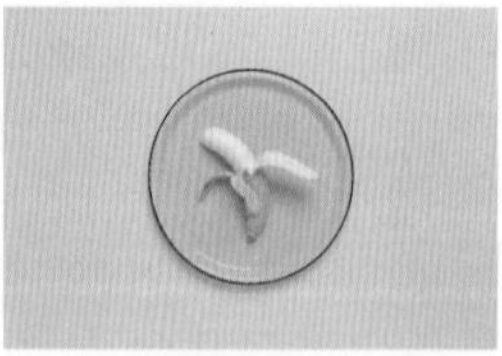

图4-143　　　　　　　图4-144

"描边"对话框选项介绍

● 描边：该选项组用于设置描边的宽度和颜色，图4-145和图4-146分别是不同"宽度"和"颜色"的描边效果。

课后习题

● 利用选区智能替换素材主体

实例位置	实例文件>CH04>利用选区智能替换素材主体.psd
素材位置	素材文件>CH04>素材04.jpg
技术掌握	选区、AI智能扩展填充

微课视频

本案例主要练习选区和AI智能扩展填充的用法，创建选区后，利用AI智能扩展填充创建

图4-145

所需内容，效果如图4-150所示。

（1）打开Photoshop，执行"文件>打开"菜单命令，在弹出的对话框中选择"素材文件>CH04>素材04.jpg"文件，如图4-151所示。

图4-150 　　　　　　　图4-151

（2）要将小路替换成草地，所以选择套索工具，在素材中拖曳鼠标创建图4-152所示的选区。

（3）在上下文任务栏中单击"创成式填充"按钮，输入"草地"的英文"grass"，如图4-153所示，接着在上下文任务栏中单击"生成"按钮。

（4）等生成的进度条的完成度为100%后，得到图4-154所示的效果，如果对效果不满意，则可以从"属性"面板的3张效果缩略图中选择最满意的一张。

图4-152 　　　　　　　图4-154

| grass | ... | 取消 | 生成 |

图4-153

第5章 绘画和图像修饰

本章导读

使用 Photoshop 的绘制工具能够绘制插画，也可以自定义画笔，绘制出各种纹理图像，还能轻松美化有缺陷的照片。

本章学习要点

- 颜色的设置与填充
- 画笔工具
- 图像修复工具
- 图像擦除工具
- 图像润饰工具

5.1 颜色的设置与填充

使用Photoshop的画笔、文字、渐变、填充、蒙版和描边等工具修饰图像时，都需要设置相应的颜色。Photoshop提供了多种选取颜色的方法。

图像填充工具主要用来为图像添加装饰效果。Photoshop提供了两种图像填充工具，分别是渐变工具和油漆桶工具。

5.1.1 课堂案例：给黑白图像添加渐变色效果

实例位置	实例文件>CH05>给黑白图像添加渐变色效果.jpg
素材位置	素材文件>CH05>素材01.jpg
技术掌握	渐变工具

微课视频

本案例主要是针对渐变工具的用法进行练习，使用渐变工具快速给图像添加渐变色，效果如图5-1所示。

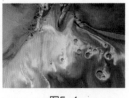
图5-1

操作步骤

（1）打开Photoshop，执行"文件>打开"菜单命令，在弹出的对话框中选择"素材文件>CH05>素材01"文件，效果如图5-2所示。

（2）选择渐变工具，在选项栏中选择"经典渐变"，单击"点按可编辑渐变"按钮，设置图5-3所示的渐变样式，"类型"选择"线性渐变"，"模式"选择"颜色"，如图5-4所示。

图5-2

图5-3

（3）在图像窗口中按住鼠标从图像左上角拖曳到右下角，如图5-5所示，松开鼠标得到图5-6所示的效果。

图5-5

图5-6

图5-4

5.1.2 设置前景色与背景色

Photoshop的工具箱的底部有一组前景色和背景色设置按钮,如图5-7所示。在默认情况下,前景色为黑色,背景色为白色。

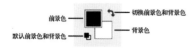

图5-7

前/背景色设置工具介绍

• 前景色:单击前景色图标,可以在弹出的"拾色器(前景色)"对话框中选取一种颜色作为前景色,如图5-8所示。

图5-8

• 背景色:单击背景色图标,可以在弹出的"拾色器(背景色)"对话框中选取一种颜色作为背景色,如图5-9所示。

图5-9

• 切换前景色和背景色:单击"切换前景色和背景色"图标,可以切换所设置的前景色和背景色(X键),如图5-10所示。

• 默认前景色和背景色:单击"默认前景色和背景色"图标可以恢复默认的前景色和背景色(D键),如图5-11所示。

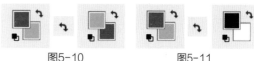

图5-10   图5-11

在Photoshop中,前景色和背景色通常用于绘制图像、填充和描边选区。图5-12为原图,创建两个不同选区后,分别用前景色和背景色填充,效果如图5-13所示。

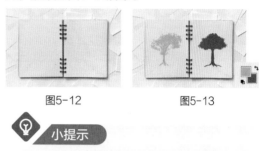

图5-12   图5-13

小提示

一些特殊滤镜也需要使用前景色和背景色,如"纤维"滤镜和"云彩"滤镜等。

5.1.3 用吸管工具设置颜色

使用吸管工具可以在打开图像的任何位置采集色样来作为前景色或背景色(按住Alt键可以吸取背景色),如图5-14和图5-15所示,其选项栏如图5-16所示。

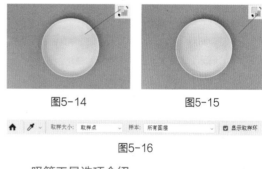

图5-14   图5-15

图5-16

吸管工具选项介绍

• 取样大小:设置吸管取样范围的大小。选择"取样点"选项时,可以选择像素的精确颜色;选择"3×3平均"选项时,可以选择所在位置3个像素区域以内的平均颜色;选择"5×5平均"选项时,可以选择所在位置5个像素区域以内的平均颜色。其他选项以此类推。

• 样本:可以从"当前图层""当前和下方图层""所有图层""所有无调整图层"和"当前和下一个无调整图层"中采集颜色。

• 显示取样环:勾选该复选框,可以在拾取颜色时显示取样环,如图5-17所示。

图5-17

图5-21

的渐变颜色，单击右侧的 ▢▢▢ 按钮，可以打开"渐变拾色器"，如图5-21所示。

💡 小提示

在默认情况下，"显示取样环"复选框处于不可用状态，需要启用"使用图形处理器"功能才能勾选"显示取样环"复选框。执行"编辑>首选项>性能"菜单命令，打开"首选项"对话框，在"图形处理器设置"选项组下勾选"使用图形处理器"复选框，如图5-18所示。开启"使用图形处理器"功能后，重启Photoshop就可以勾选"显示取样环"复选框了。

图形处理器设置
检测到图形处理器：
Intel
Intel(R) HD Graphics 4600
☑ 使用图形处理器(G)
高级设置…

图5-18

💡 小提示

在"经典渐变"模式下，如果直接单击"点按可编辑渐变"按钮 ▢▢▢▢，则会弹出"渐变编辑器"对话框，在该对话框中可以编辑渐变颜色，或者保存渐变等，如图5-22所示。

图5-22

5.1.4 渐变工具

使用渐变工具可以在整个文档或选区内填充渐变色，并且可以创建多种颜色的混合效果，其选项栏如图5-19所示。渐变工具的应用非常广泛，它不仅可以填充图像，还可以用来填充图层蒙版、快速蒙版和通道等，是使用频率最高的工具之一。Photoshop 2024的渐变功能已得到显著改进，它引入了新的渐变控件和实时预览，可以对渐变以非破坏性的方式进行编辑，从而加快了工作流程。

渐变工具选项介绍

• 渐变方式：渐变功能是默认功能（无须执行任何操作，除非您需要经典渐变）。可以选择非破坏性的渐变模式（在"图层"面板添加一个调整图层）或破坏性的经典渐变模式（在原图上直接操作），如图5-20所示。

渐变

经典渐变

图5-20

• 选择和管理渐变预设 ▢▢▢▢：显示当前

渐变类型：在选项栏选择图5-23所示的彩虹色渐变后，激活"线性渐变"按钮 ▣，可以以直线方式创建从起点到终点的渐变，如图5-24所示；激活"径向渐变"按钮 ▣，可以以圆形方式创建从起点到终点的渐变，如图5-25所示；激活"角度渐变"按钮 ▣，可以创建围绕起点以逆时针扫描方式的渐变，如图5-26所示；激活"对称渐变"按钮 ▣，可以使用均衡的线性渐变在起点的任意一侧创建渐变，如图5-27所示；激活"菱形渐变"按钮 ▣，可以以菱形方式从起点向外产生渐变，终点定义菱形的一个角，如图5-28所示。

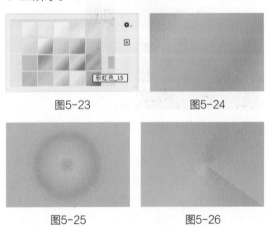

图5-23　　　　　　图5-24

图5-25　　　　　　图5-26

🏠 ▢ ﹀ 渐变 ﹀ ▢▢▢▢ ﹀ ▢▢▢▢▢ ☐反向 ☑仿色 方法： 可感知 ﹀

图5-19

图5-27

图5-28

小提示

可以通过渐变控件随时调整已经添加的渐变，而且在调整过程中，渐变效果是可以实时预览的。如图5-29所示，在素材上拖出一个渐变。拖曳时，可以更改渐变的角度和长度，如果中途松开拖曳，可以返回并通过再次单击和拖曳此控件来更改长度和角度。通过单击并拖曳控件中的菱形图标来更改色标之间的中点。选择色标圆圈并拖离渐变线，可移除画布构件上的色标。在渐变画布上双击色标（圆形区域）可以打开拾色器更改颜色。效果如图5-30所示。

图5-29

图5-30

反向：转换渐变中的颜色顺序，得到反方向的渐变结果，图5-31和图5-32分别是正常渐变和反向渐变效果。

图5-31

图5-32

小提示

需要注意的是，渐变工具不能用于位图或索引颜色图像。在切换颜色模式时，有些模式观察不到任何渐变效果，此时就需要将图像再切换到可用模式下进行操作。

在使用渐变工具的过程中，可以随时在图5-33所示的"属性"面板中调整渐变的预设、样式、角度、缩放、类型、方法、平滑度、色相和不透明度等属性。

图5-33

5.1.5 油漆桶工具

使用油漆桶工具可以在图像中填充前景色或图案，其选项栏如图5-34所示。如果创建了选区，则填充的区域为当前选区；如果没有创建选区，则填充的是与鼠标单击处颜色相近的区域。

图5-34

油漆桶工具选项介绍

• 设置填充区域的源：选择填充的模式，包含"前景"和"图案"两种模式。

• 模式：用来设置填充内容的混合模式。

• 不透明度：用来设置填充内容的不透明度。

• 容差：用来定义必须填充像素的颜色的相似程度。设置较低的"容差"值会填充颜色范围内与鼠标单击处像素非常相似的像素；设置较高的"容差"值会填充更大范围的像素。

• 消除锯齿：平滑填充选区的边缘。

• 连续的：勾选该复选框后，只填充图像中处于连续范围内的区域；关闭该复选框后，可以填充图像中的所有相似像素。

• 所有图层：勾选该复选框后，可以对所有可见图层中的合并颜色数据填充像素；关闭该复选框后，仅填充当前选择的图层。

打开图5-35所示的素材，选择油漆桶工具，在选项栏中设置前景色为bae4f0，容差为50，

图5-35

如图5-36所示，然后在图像窗口中单击蓝色背景，即可将背景蓝色部分替换成图5-37所示的效果。

图5-36

图5-37

 画笔工具

5.2 画笔工具

Photoshop的画笔工具包括画笔工具、铅笔工具、颜色替换工具和混合器画笔工具。

5.2.1 课堂案例：给图像添加灯光效果

实例位置	实例文件>CH05>给图像添加灯光效果.psd
素材位置	素材文件>CH05>素材02.jpg
技术掌握	画笔工具的使用

微课视频

本案例主要练习画笔工具的使用，在素材中灯的位置添加黄色的灯光，让画面有朦胧的感觉，最终效果如图5-38所示。

操作步骤

（1）打开Photoshop，执行"文件>打开"菜单命令，在弹出的对话框中选择"素材文件>CH05>素材02.jpg"文件，效果如图5-39所示。

图5-38　　　　　图5-39

（2）执行"图层>新建>图层"菜单命令，在弹出的"新建图层"对话框单击"确定"按钮创建图5-40所示的空白"图层1"。

图5-40

（3）从工具箱中选择画笔工具，在选项栏中设置画笔大小为1100，模式为正常，不透明度为60%，如图5-41所示，设置前景色为R：239、G：139、B：0，在图像窗口灯的位置单击鼠标，添加图5-42所示的灯光效果。

图5-41

图5-42

（4）按Ctrl+T组合键自由变换，调整"图层1"的大小及位置如图5-43所示，对灯光大小进行调整。

图5-43

（5）在"图层"面板调整图层的混合模式为线性减淡（添加），不透明度为80%，如图5-44所示，此时图像效果如图5-45所示。

图5-44　　　　　图5-45

5.2.2 "画笔设置"面板

在认识其他绘制工具及修饰工具之前要掌握"画笔设置"面板。"画笔设置"面板是最重要的面板之一，它可以设置绘画工具、修饰工具的笔刷种类、画笔大小和硬度等属性。

打开"画笔设置"面板的方法主要有以下3种。

（1）在工具箱中选择画笔工具，然后在选项栏中单击"切换画笔面板"按钮 ☑。

（2）执行"窗口>画笔设置"菜单命令。

（3）按F5键。

打开的"画笔设置"面板如图5-46所示。

图5-46

"画笔设置"面板选项介绍

● 画笔 画笔 ：单击该按钮，可以打开"画笔"面板。

● 锁定 🔒/未锁定 🔓：🔒图标代表该选项处于锁定状态；🔓图标代表该选项处于未锁定状态。锁定与解锁操作可以相互切换。

● 面板菜单：单击 ≡ 图标，可以打开"画笔"面板的菜单。

● 画笔描边预览：选择一个画笔以后，可以在预览框中预览该画笔的外观形状。

● 创建新画笔 ⊞：将当前设置的画笔保存为一个新的预设画笔。

5.2.3 画笔工具

画笔工具可以使用前景色绘制具有画笔特性的线条或图像，也可以利用它来修改通道和蒙版，是使用频率最高的工具之一，其选项栏如图5-47所示。

图5-47

画笔工具选项介绍

● 画笔预设选取器：单击 ▋ 图标，可以打开"画笔预设"选取器，如图5-48所示。在这里面可以选择样式、设置画笔的"大小"和"硬度"。画笔大小决定画笔笔触的大小，图5-49为不同大小的画笔绘制的线段。画笔样式决定画笔笔触的形状，需要注意的是，画笔可以是任何形状，如圆、方块、帆船、白云、星空、飞鸟和花朵等，图5-50为几种简单的画笔样式。画笔硬度决定画笔边缘的锐利程度，硬度越大，边缘越锐利，图5-51是相同大小的画笔，硬度从上到下

依次为100%、70%、50%和20%的绘制效果。

● 切换画笔设置面板 ☑：单击该按钮，可以打开"画笔设置"面板。

● 模式：设置绘画颜色与下面现有像素的混合方法，图5-52和图5-53分别是使用"正片叠底"模式和"叠加"模式绘制的帆船笔迹效果。

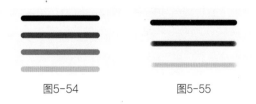

图5-52   图5-53

● 不透明度：决定画笔绘制内容整体颜色的浓度，数值越大，笔迹的不透明度越高；数值越小，笔迹的不透明度越低。图5-54是相同大小的画笔，不透明度从上到下依次为100%、70%、50%和20%的绘制效果。

● 流量：决定画笔颜色的喷出浓度。图5-55是相同大小的画笔，流量从上到下依次为100%、10%、1%的绘制效果。

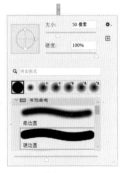

图5-48

图5-49

图5-50   图5-51

图5-54   图5-55

● 启用喷枪样式的建立效果 ☑：激活该按钮以后，可以启用"喷枪"功能，Photoshop会根据鼠标左键的单击程度来确定画笔笔迹的填充数量。例如，关闭"喷枪"功能时，每单击一次只会绘制一个笔迹；启用"喷枪"功能以后，按住鼠标左键不放，可持续绘制笔迹。

● 画笔颜色：由前景色决定画笔的颜色。图5-56是大小相同的画笔，颜色从左到右依次为红色、橙色、青色和品红色的绘制效果。

图5-56

💡 小提示

画笔工具非常重要，下面总结使用该工具绘画的5点技巧。

（1）在英文输入法状态下，可以按[键和]键来减小或增大画笔笔尖的"大小"。

（2）按Shift+[组合键和Shift+]组合键可以减小和增大画笔的"硬度"。

（3）按数字键1~9可以快速调整画笔的"不透明度"，数字1~9分别代表10%~90%的"不透明度"。要设置100%的"不透明度"，可以直接按0键。

（4）按住Shift+1~9的数字键可以快速设置"流量"。

（5）按住Shift键可以绘制出水平或垂直的直线，或是以55°为增量的直线。

● 始终对大小使用压力 ☑：使用压感笔压力可以覆盖"画笔"面板中的"不透明度"和"大小"设置。

💡 小提示

如果使用数位板绘画，则可以在"画笔"面板和选项栏中设置画笔压力、角度、旋转或光笔轮来控制应用颜色的方式。

5.2.4 颜色替换工具

使用颜色替换工具可以将选定的颜色替换为

其他颜色，其选项栏如图5-57所示。

图5-57

颜色替换工具选项介绍

● 模式：选择替换颜色的模式，包括"色相""饱和度""颜色"和"明度"。选择"颜色"模式时，可以同时替换色相、饱和度和明度。将图5-58所示的素材使用"色相""饱和度""颜色"、"明度"模式替换颜色的效果（前景色ef8b00）分别如图5-59~图5-62所示。

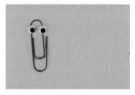
图5-58

图5-59

图5-60

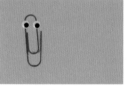
图5-61

● 取样：用来设置颜色的取样方式。激活"取样：连续"按钮 ☑，在拖曳鼠标时，可以更改整个图像的颜色；激活"取样：一次"按钮 ☑，只替换包含第一次单击的颜色区域中的目标颜色；激活"取样：背景色板"按钮 ☑，只替换包含当前背景色的区域。

图5-62

● 限制：选择"不连续"选项，可以替换出现在光标下任何位置的样本颜色；选择"连续"选项，只替换与光标下的颜色接近的颜色；选择"查找边缘"选项，可以替换包含样本颜色的连接区域，同时保留形状边缘的锐化程度。

● 容差：用来设置颜色替换工具的容差，图5-63是原图，图5-64和图5-65分别是"容差"为5%和30%时的颜色替换效果（前景色ef8b00）。

图5-63

图5-64

图5-65

● 消除锯齿：勾选复选框，可以消除颜色替换区域的锯齿效果，从而使图像变得平滑。

5.3 图像修复工具

在通常情况下，拍摄出的数码照片经常会出现各种缺陷，使用Photoshop的图像修复工具可以轻松地将有缺陷的照片修复成靓丽照片。图像修复工具包括仿制图章工具、图案图章工具、污点修复画笔工具、移除工具、修复画笔工具、修补工具、内容感知移动工具和红眼工具等，下面着重介绍几种常用的工具。

5.3.1 课堂案例：清除图像中影响画面的杂物

实例位置	实例文件>CH05>清除图像中影响画面的杂物.psd
素材位置	素材文件>CH05>素材03.jpg
技术掌握	移除工具的使用

微课视频

本案例练习移除工具的使用方法，对素材中的杂物进行清除，最终效果如图5-66所示。

图5-66

操作步骤

（1）打开Photoshop，执行"文件>打开"菜单命令，在弹出的对话框中选择"素材文件>CH05>素材03.jpg"文件，效果如图5-67所示。

图5-67

（2）选择移除工具后，调整画笔大小为400左右，如图5-68所示。

图5-68

（3）对素材中左侧的小船进行涂抹，如图5-69所示，松开鼠标得到图5-70所示的效果。

图5-69

图5-70

（4）使用同样的方法对素材中其他影响画面的小船依次进行涂抹，得到图5-71所示的效果。

图5-71

5.3.2 仿制图章工具

仿制图章工具使用图像另一部分的像素来替换所选区域像素进行绘画。使用仿制图章工具可以复制素材中的对象，也可以消除图像中的斑点、杂物、瑕疵或填补图片空缺。例如，在图5-72所示的图像右侧使用仿制图章工具进行复制。

操作方法为，选择仿制图章工具，在其选项栏中设置画笔大小为1000像素，形状为柔边圆，在图像窗口中图5-73所示的位置按住Alt键单击确定仿制源，接着在素材右侧单击或拖曳鼠标进行涂抹，得到图5-74所示的效果，多次单击，并灵活设置画笔大小，得到图5-75所示的效果。

仿制图章工具选项栏如图5-76所示。

图5-72

图5-73

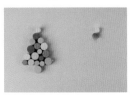

图5-74

图5-75

图5-76

仿制图章工具选项介绍

- **仿制源** ⬛: 复制内容的源头，使用时需按住Alt键在图像的某个位置单击设置仿制源。图5-77为原图，以左边的椰子为仿制源，可以得到图5-78所示的仿制效果；以右边的橙子为仿制源，则可以得到图5-79所示的仿制效果。

图5-77

图5-78　　　　　　　　图5-79

- **对齐**: 不勾选该复选框时，每次拖曳后松开鼠标左键再拖曳，都是以按住Alt键选择的同一个样本区域修复目标，也就是说，仿制源固定不变。而勾选该复选框时，每次拖曳后松开鼠标左键再拖曳，都会接着上次未复制完成的图像修复目标，即仿制源会随着拖曳范围的改变而相对改变。图5-80为原图，以左上角的甜甜圈为仿制源，勾选"对齐"复选框后，在素材右侧连续单击得到图5-81所示的仿制效果，如果不勾选"对齐"复选框，则在右侧连续单击得到图5-82所示的仿制效果。

图5-80

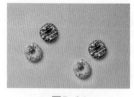

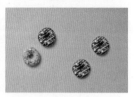

图5-81　　　　　　　　图5-82

- **样本**: 选择"使用所有图层"，可以从所有可见图层取样；选择"当前图层"，只从当前图层取样；选择"当前和下方图层"，会从当前和下方两个图层取样。

5.3.3 图案图章工具

图案图章工具可以创建图案或者选择软件自带的图案进行绘画。例如，使用图案图章工具将

图5-83所示图像中的电脑屏幕替换成软件自带的草坪图案。操作方法如下。

（1）选择多边形套索工具，创建图5-84所示的选区。

图5-83　　　　　　　　图5-84

（2）选择图案图章工具，在选项栏中设置画笔大小为432像素，形状为柔边圆，如图5-85所示，在图案拾色器中选择合适的图案，然后在图像窗口屏幕位置单击或者拖曳鼠标涂抹，按Ctrl+D组合键取消选区，效果如图5-86所示。

图5-85

图5-86

图案图章工具选项栏如图5-87所示。

图5-87

- **图案拾色器** ▦: 用来设置修复图像时使用的图案。如图5-88所示，可以使用软件自带的树、草和水滴图案，也可以通过右上角的"设置"按钮载入新画笔。

图5-88

5.3.4 污点修复画笔工具

污点修复画笔工具可以消除图像中的污点和对象。有图5-89所示的图像素材，画面右上角洒出的料汁污渍对构图有一定的影响，选择污点修复画笔工具调整好画笔大小对它进行涂抹，得到图5-90所示的效果。

图5-89　　　　　　　　图5-90

污点修复画笔工具不需要设置取样点，因为它可以自动从所修饰区域的周围取样，其选项栏如图5-91所示。

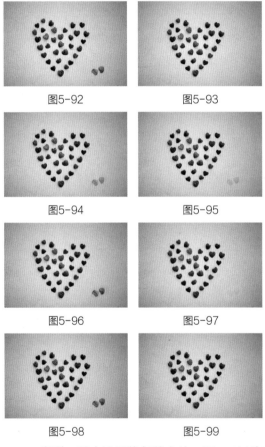

图5-91

污点修复画笔工具选项介绍

● 模式：用来设置修复图像时使用的混合模式。除"正常"和"正片叠底"等常用模式以外，还有一个"替换"模式，该模式可以保留画笔描边边缘处的杂色、胶片颗粒和纹理，图5-92为原始图像，使用污点修复画笔工具涂抹右下角的两片叶子，图5-93~图5-99分别是"正常"模式、"正片叠底"模式、"滤色"模式、"变暗"模式、"变亮"模式、"颜色"模式和"明度"模式的效果。

图5-92	图5-93
图5-94	图5-95
图5-96	图5-97
图5-98	图5-99

● 类型：用来设置修复的方法。图5-100为原图，选择"内容识别"选项，可以使用选区周围的像素进行修复，如图5-101所示；选择"创建纹理"选项，可以使用选区中的所有像素创建一个用于修复该区域的纹理，如图5-102所示；选择"近似匹配"选项，可以使用选区边缘周围的像素来查找要用作选定区域修补的图像区域，如图5-103所示。

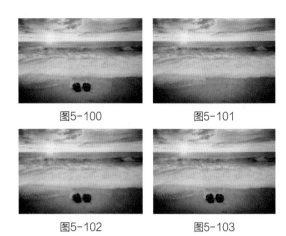

| 图5-100 | 图5-101 |
| 图5-102 | 图5-103 |

5.3.5 移除工具

移除工具可以轻松移除对象、人物和瑕疵等干扰因素或不需要的区域。只需轻刷不需要的对象即可将其去除，并自动填充背景，同时保留对象的完整性，以及复杂多样背景中的深度，在移除较大对象并顾及对象之间的边界时，移除工具尤其强大。例如，使用移除工具对图5-104所示图像素材中右上角的小碗进行涂抹移除，得到图5-105所示的效果。

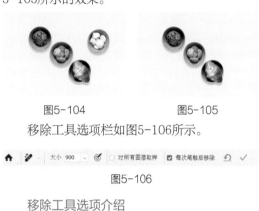

| 图5-104 | 图5-105 |

移除工具选项栏如图5-106所示。

图5-106

移除工具选项介绍

● 大小：用于设置画笔大小。如果要用一个笔触覆盖整个区域，则画笔大小应比要修复的区域略大。

● 压力按钮：单击该按钮，允许使用触笔的压力来更改画笔大小。

● 对所有图层取样：勾选该复选框，可以从所有可见图层中对数据进行采样。

💡 **小提示**

可以创建并选择新图层，然后勾选"对所有图层取样"复选框，实现非破坏性编辑。

● 每次笔触后移除：取消勾选该复选框，在应用填充之前允许画笔进行多次描边。对大面积或复杂区域使用多个笔触，保持每次笔触后移除处于启用状态，以便在完成单个描边后立即应用填充。

5.3.6 修复画笔工具

修复画笔工具可以校正图像的瑕疵，与仿制图章工具一样，修复画笔工具也可以用图像某一部分的像素作为样本进行绘制来修复瑕疵。但是，修复画笔工具还可将样本像素的纹理、光照、透明度和阴影与所修复的像素进行匹配，从而使修复后的像素不留痕迹地融入图像的其他部分。对图5-107所示的原图使用修复画笔工具将

裂缝修复后，得到图5-108所示的效果。修复画笔工具的选项栏如图5-109所示。

图5-107　　　　　　图5-108

图5-109

修复画笔工具选项介绍

● 源：设置用于修复像素的源。选择"取样"选项，可以使用当前图像的像素来修复图像；选择"图案"选项，可以使用某个图案作为取样点。

● 对齐：勾选该复选框，可以连续对像素进行取样，即使松开鼠标也不会丢失当前的取样点；取消勾选该复选框，则会在每次停止并重新开始绘制时，使用初始取样点中的样本像素。

5.3.7 修补工具

修补工具可以利用样本或图案来替换所选区域像素。如图5-110所示，选择修补工具，对图像中需要修补的咖啡污渍部分创建选区，然后将选区移动到干净的素材区域，即可将选区中的咖啡污渍替换成干净背景像素，效果如图5-111所示。修补工具的选项栏如图5-112所示。

图5-110　　　　　　图5-111

图5-112

修补工具选项介绍

● 修补：包含"正常"和"内容识别"两种方式。

● 正常：图5-113为原图，创建选区以后，选择后面的"源"选项，将选区拖到要修补的区域以后，松开鼠标左键就会用当前选区中的图像修补原来选中的内容，如图5-114所示；选择

图5-113　　　　　　图5-114

"目标"选项时，则会将选中的图像复制到目标区域，如图5-115所示。

图5-115

● 内容识别：选择这种修补方式以后，可以在图5-116所示的选项栏"结构"和"颜色"下拉列表中选择数值来设置修复精度。为图5-117所示的原图设置"结构"为1和7时的修补效果分别如图5-118和图5-119所示。

图5-116

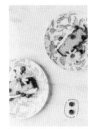  

图5-117　　　　图5-118　　　　图5-119

5.3.8　内容感知移动工具

内容感知移动工具可以将选中的对象移动或复制到图像的其他地方，并重组新的图像，其选项栏如图5-120所示。

图5-120

内容感知移动工具选项介绍

• 模式：包含"移动"和"扩展"两种模式。

• 移动：用内容感知移动工具创建选区，如图5-121所示，将选区移动到其他位置，可以将选区中的图像移动到新位置，并用选区图像填充该位置，如图5-122和图5-123所示。

图5-121　　　图5-122　　　图5-123

• 扩展：用内容感知移动工具创建选区，将选区移动到其他位置，可以将选区中的图像复制到新位置，如图5-124和图5-125所示。

图5-124　　　　　图5-125

5.3.9　红眼工具

使用红眼工具可以去除由闪光灯导致的红色反光，如图5-126所示，选择红眼工具，在动物红眼区域单击，如图5-127所示，即可去除红眼。红眼工具选项栏如图5-128所示。

图5-126　　　　图5-127

图5-128

红眼工具选项介绍

• 瞳孔大小：用来设置瞳孔的大小，即眼睛暗色中心的大小。

• 变暗量：用来设置瞳孔的暗度。

💡 小提示

"红眼"是由于相机闪光灯在主体视网膜上反光引起的。在光线较暗的环境中照相时，由于主体的虹膜张开得很宽，所以经常会出现"红眼"现象。为了避免出现红眼，除了可以在Photoshop中进行矫正以外，还可以使用相机的红眼消除功能来消除红眼。

5.4　图像擦除工具

图像擦除工具主要用来擦除多余的图像。Photoshop提供了3种擦除工具，分别是橡皮擦工具、背景橡皮擦工具和魔术橡皮擦工具。

5.4.1　课堂案例：快速融合两张图像

本案例练习橡皮擦工具的使用方法，要求对两张素材进行融合，最终效果如图5-129所示。

实例位置	实例文件>CH05>快速融合两张图像.psd
素材位置	素材文件>CH05>素材04.jpg、素材05.jpg
技术掌握	使用橡皮擦工具

微课视频

📄 操作步骤

（1）打开Photoshop，执行"文件>打开"菜单命令，在弹出的对话框中选择"素材文件>

CH05>素材04.jpg"文件，效果如图5-130所示。

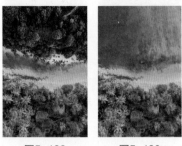

图5-129　　　图5-130

（2）打开"素材05.jpg"图像，导入背景中，然后执行"编辑>变换>缩放"菜单命令，调整"素材05.jpg"的位置和大小，使其刚好覆盖"素材05.jpg"，如图5-131所示。

图5-131

（3）选择橡皮擦工具，在选项栏中选择"柔角"画笔，设置"大小"为800像素，"不透明度"为50%，如图5-132所示，在"图层1"靠下部分涂抹，在涂抹过程时调整画笔大小，得到图5-133所示的效果。

图5-132

5.4.2 橡皮擦工具

使用橡皮擦工具可以将像素更改为背景色或透明，其选项栏如图5-134所示。如果使用该工具在背景图层或锁定了透明像素的图层中擦除，则擦除的像素将变成背景色，图5-135为原图，在擦除右下半部分后效果如图5-136所示。如果在普通图层中擦除，则擦除的像素将变成透明，图5-137为原图，在擦除右半部分后效果如图5-138所示。

图5-134

图5-133

图5-135 　　　图5-136

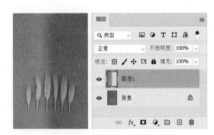

图5-138

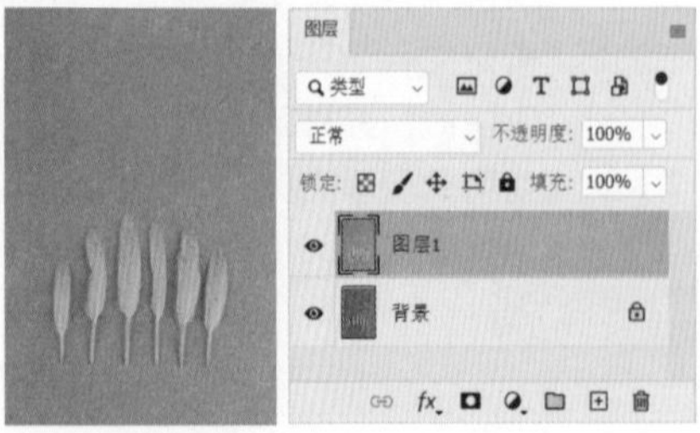

橡皮擦工具选项介绍

● 模式：选择橡皮擦的种类。图5-139为原图，选择"画笔"选项，创建柔边（也可以创建硬边）擦除效果，如图5-140所示；选择"铅笔"选项，创建硬边擦除效果，如图5-141所示；选择"块"选项，擦除的效果为块状，如图5-142所示。

● 不透明度：用来设置橡皮擦工具的擦除强

图5-137

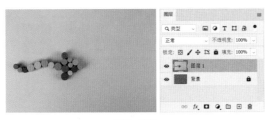

图5-139

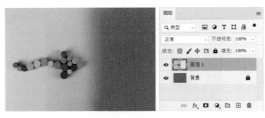

图5-140

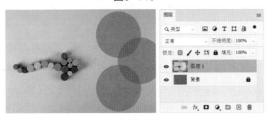

图5-141

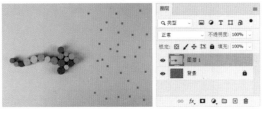

图5-142

度。设置为100%时，完全擦除像素。设置"模式"为"块"时，该选项不可用。

● 流量：用来设置橡皮擦工具的擦除速度。

● 抹到历史记录：勾选该复选框以后，橡皮擦工具的作用相当于历史记录画笔工具。

5.4.3 背景橡皮擦工具

背景橡皮擦工具是一种智能化的橡皮擦。设置好背景色以后，使用该工具可以在抹除背景的同时保留前景对象的边缘，如图5-143和图5-144所示。该工具的选项栏如图5-145所示。

图5-143

图5-144

图5-145

背景橡皮擦工具选项介绍

● 取样：用来设置取样的方式。图5-146为原图，单击"取样：连续"按钮，在拖曳鼠标时可以连续对颜色进行取样，凡是出现在光标中心十字线以内的图像都将被擦除，如图5-147所示；单击"取样：一次"按钮，只擦除包含第1次单击处颜色的图像，如图5-148所示；单击"取样：背景色板"按钮，只擦除包含背景色的图像，如图5-149所示。

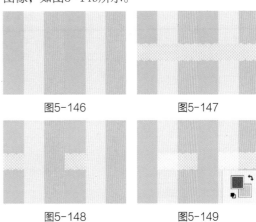

图5-146　　　　　　图5-147

图5-148　　　　　　图5-149

● 限制：设置擦除图像时的限制模式。选择"不连续"选项，可以擦除出现在光标下任何位置的样本颜色；选择"连续"选项，只擦除包含样本颜色并且相互连接的区域；选择"查找边缘"选项，可以擦除包含样本颜色的连接区域，同时更好地保留形状边缘的锐化程度。

● 容差：用来设置颜色的容差范围。

● 保护前景色：勾选该复选框，可以防止擦除与前景色匹配的区域。

 小提示

背景橡皮擦工具的功能非常强大，除了可以使用它来擦除图像以外，更重要的是运用在抠图中。

5.4.4 魔术橡皮擦工具

使用魔术橡皮擦工具，可以将所有相似的像素改为透明（如果在已锁定了透明像素的图层中工作，则这些像素将更改为背景色），如图5-150和图5-151所示。该工具的选项栏如图5-152所示。

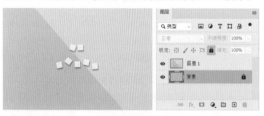

图5-150

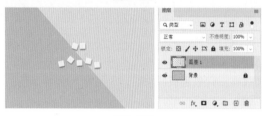

图5-151

图5-152

魔术橡皮擦工具选项介绍

● 容差：用来设置可擦除的颜色范围。

● 消除锯齿：可以使擦除区域的边缘变得平滑。

● 连续：勾选该复选框，只擦除与单击点像素邻近的像素；取消勾选该复选框，可以擦除图像中所有相似的像素。

● 不透明度：用来设置擦除的强度。不透明度为100%时，将完全擦除像素；较低的值可以擦除部分像素。

5.5 图像润饰工具

图像润饰工具组包括可以对图像进行模糊、锐化和涂抹处理的模糊工具、锐化工具和涂抹工具，以及可以对图像局部的明暗、饱和度等进行处理的减淡工具、加深工具和海绵工具。

5.5.1 课堂案例：利用加深工具和减淡工具增强图像的对比度

本案例练习减淡工具和加深工具的使用方法，对偏向中性灰的素材对比度进行加强，最终效果如图5-153所示。

实例位置	实例文件>CH05>利用加深工具和减淡工具增强图像的对比度.psd
素材位置	素材文件>CH05>素材06.jpg
技术掌握	减淡工具和加深工具的使用

微课视频

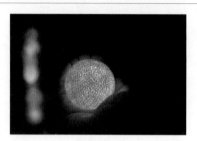

图5-153

操作步骤

（1）打开Photoshop，执行"文件>打开"菜单命令，在弹出的对话框中选择"素材文件>CH05>素材06.jpg"文件，效果如图5-154所示。

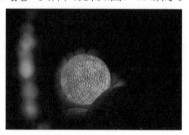

图5-154

（2）选择减淡工具，在它选项栏中设置画笔半径为1300，范围为高光，如图5-155所示，然后在图像窗口中拖曳鼠标涂抹灯光和光晕，得到图5-156所示的效果，注意涂抹的次数越多，该区域就越亮。

图5-155

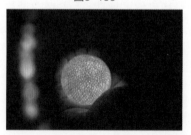

图5-156

（3）选择加深工具，在选项栏中设置画笔半径为600，范围为阴影，如图5-157所示，然后在图像窗口中拖曳鼠标涂抹素材中发灰的背景，得到图5-158所示的效果，注意涂抹的次数越多，该区域就越暗。

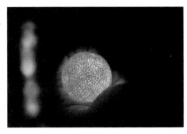

图5-157

图5-158

5.5.2 模糊工具

　　使用模糊工具可柔化硬边缘或减少图像中的细节，使用该工具在某个区域绘制的次数越多，该区域就越模糊。如图5-159所示，使用模糊工具涂抹素材中的蜻蜓，得到图5-160所示的模糊后的效果。该工具的选项栏如图5-161所示。

图5-159　　　　　　　　图5-160

图5-161

模糊工具选项介绍

　　●模式：用来设置模糊工具的混合模式，包括"正常""变暗""变亮""色相""饱和度""颜色"和"明度"。

　　●强度：用来设置模糊工具的模糊强度。

5.5.3 锐化工具

　　锐化工具可以增强图像中相邻像素之间的对比，以提高图像的清晰度。如图5-162所示，使用锐化工具涂抹图像，得到图5-163所示的锐化后的效果。该工具的选项栏如图5-164所示。

图5-162　　　　　　　图5-163

图5-164

小提示

　　锐化工具的选项栏只比模糊工具多一个"保护细节"复选框。勾选该复选框，在进行锐化处理时，可以保护图像的细节。

5.5.4 涂抹工具

　　使用涂抹工具可以模拟手指划过湿油漆时产生的效果。如图5-165所示，使用涂抹工具涂抹素材中比较短的一片花瓣，效果如图5-166所示。该工具可以拾取鼠标单击处的颜色，并沿着拖曳的方向展开这种颜色，其选项栏如图5-167所示。

图5-165　　　　　　　图5-166

图5-167

涂抹工具选项介绍

　　●强度：用来设置涂抹工具的涂抹强度。

　　●手指绘画：勾选该复选框，可以使用前景色进行涂抹绘制。

5.5.5 减淡工具

　　使用减淡工具可以对图像进行减淡处理，在某个区域绘制的次数越多，该区域就越亮。如图5-168所示，使用减淡工具涂抹图像中的柠檬，得到图5-169所示的效果。该工具的选项栏如图5-170所示。

图5-168　　　　　　　图5-169

图5-170

减淡工具选项介绍

　　●范围：选择要修改的色调。图5-171为原图，选择"中间调"选项，可以更改灰色的中间范围,如图5-172所示;选择"阴影"选项,可以更改暗部区域,如图5-173所示;选择"高光"选项,可以更改亮部区域,如图5-174所示。

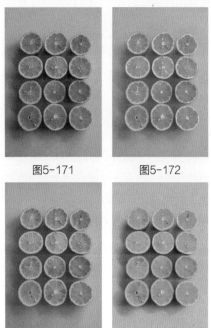

图5-171　　　　　图5-172

图5-173　　　　　图5-174

● 曝光度:可以为减淡工具指定曝光。数值越高,效果越明显。

● 保护色调:可以保护图像的色调不受影响。

5.5.6 加深工具

加深工具和减淡工具的原理相同,但效果相反,它可以降低图像的亮度,通过加暗来校正图像的曝光度,在某个区域绘制的次数越多,该区域就越暗。图5-175为原图,通过加深工具涂抹右边的果肉得到图5-176所示的效果。该工具的选项栏如图5-177所示。

图5-175　　　　　图5-176

图5-177

5.5.7 海绵工具

使用海绵工具可以精确更改图像某个区域的色彩饱和度,其选项栏如图5-178所示。如果是灰度图像,则该工具将通过灰阶远离或靠近中间

图5-178

灰色来增加或降低对比度。

海绵工具选项介绍

● 模式:素材如图5-179所示,选择"加色"选项,可以增加色彩的饱和度,如图5-180所示;选择"去色"选项,可以降低色彩的饱和度,如图5-181所示。

图5-179

图5-180　　　　　图5-181

● 流量:为海绵工具指定流量。数值越高,海绵工具的强度越大,效果越明显。图5-182为原图,图5-183和图5-184分别是选择"去色"选项,"流量"为30%和80%的涂抹效果。

图5-182　　　图5-183　　　图5-184

● 自然饱和度:勾选该复选框,可以在增加饱和度的同时,防止颜色过度饱和而产生溢色现象。

课后习题

● 清除图像中影响画面的多余素材

实例位置	实例文件>CH05>清除图像中影响画面的多余素材.psd	微课视频
素材位置	素材文件>CH05>素材07.jpg	
技术掌握	移除工具	

本案例主要练习移除工具的用法，利用移除工具移除图像中多余的素材，效果如图5-185所示。

（1）打开Photoshop，执行"文件>打开"菜单命令，在弹出的对话框中选择"素材文件>CH05>素材07.jpg"文件，如图5-186所示，要求移除素材中的塑料袋、拖鞋和狗。

图5-185 　　　　　　　图5-186

（2）按Ctrl + +组合键放大图像，如图5-187所示，选择移除工具，调整画笔大小为600，在图像窗口中塑料袋位置拖曳鼠标涂抹，如图5-188所示，松开鼠标后软件会自动填充背景，得到图5-189所示的效果。

（3）在图5-190所示的拖鞋位置拖曳鼠标涂抹，松开鼠标后效果如图5-191所示。

图5-187 　　　　　　　图5-188

图5-189 　　　　　　　图5-190

（4）在图5-192所示狗的位置拖曳鼠标涂抹，松开鼠标后效果如图5-193所示，至此，移除图像中所有多余的素材。

图5-191 　　　　　　　图5-192

图5-193

第6章 调色

📖 **本章导读**

在 Photoshop 中，对图像色彩和色调的控制是图像编辑的关键，它直接关系到图像最后的效果，只有有效控制图像的色彩和色调，才能制作出高品质的图像。Photoshop 提供了非常完美的色彩和色调的调整功能，可以快捷地调整图像的颜色与色调。

🎯 **本章学习要点**

- 认识图像色彩
- 图像的明暗调整
- 图像的色彩调整
- 图像的特殊色调调整

6.1 认识图像色彩

在学习调色技法之前，首先要了解色彩的相关知识。合理运用色彩，不仅可以让一张图像变得更加具有表现力，还可以带来良好的心理感受。

6.1.1 课堂案例：快速校正发灰的图像素材

实例位置	实例文件>CH06>快速校正发灰的图像素材.psd
素材位置	素材文件>CH06>素材01.jpg
技术掌握	"色阶"命令

微课视频

本案例通过"色阶"命令，对发灰的素材进行调整，最终效果如图6-1所示。

图6-1

✏️ **操作步骤**

（1）打开Photoshop，执行"文件>打开"菜单命令，在弹出的对话框中选择"素材文件>CH06>素材01"文件，效果如图6-2所示。

（2）执行"图像>调整>色阶"菜单命令，打开图6-3所示的"色阶"对话框。

图6-2　　　　　　图6-3

（3）在"色阶"对话框中拖曳黑白滑块，调整参数如图6-4所示，单击"确定"按钮，即可将这张发灰的图像恢复为正常的色调，效果如图6-5所示。

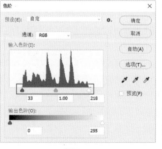

图6-4　　　　　　图6-5

6.1.2 关于色彩

色彩是人通过眼、脑和生活经验所产生的一种对光的视觉效应。人们对色彩的感觉不仅仅是由光的物理性质决定的，也会受到周围颜色的影响。人们将物质产生不同颜色的物理特性直接称为颜色。

颜色主要分为色光（即光源色）和印刷色两种，而原色是指无法通过混合其他颜色得到的颜色。太阳、荧光灯、白炽灯等发出的光都属于色光，色光的三原色是红色（Red）、绿色（Green）和蓝色（Blue）。光照射到某一物体后反射或穿透显示出的效果称为物体色，西红柿会显示出红色是因为西红柿在所有波长的光线中只反射红色光波线的光线。印刷色的三原色是洋红（Magenta）、黄色（Yellow）和青色（Cyan），如图6-6所示。

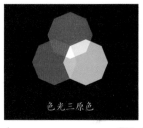

图6-6

Photoshop用3种基色（红、绿、蓝）之间的相互混合来表现所有彩色。红色与绿色混合产生黄色，红色与蓝色混合产生紫色，蓝色与绿色混合产生青色。其中红色与青色、绿色与紫色、蓝色与黄色为互补色，互补色在一起会产生视觉均衡感。

客观世界的色彩千变万化，各不相同，但任何色彩都有色相、明度和饱和度3个方面的性质，又称色彩的三要素。当色彩间发生作用时，除了色相、明度、饱和度3个基本条件以外，各种色彩彼此间会形成色调，并显现出自己的特性。因此，色相、明度、饱和度、色调及色性5项构成了色彩的五要素。

● 色相：色彩的相貌，是区别色彩种类的名称。

● 明度：色彩的明暗程度，即色彩的深浅差别。明度差别即指同色的深浅变化，又指不同色相之间存在的明度差别。

● 饱和度：色彩的纯净程度，又称彩度。某一纯净色加上白色或黑色，可以降低其饱和度，或趋于柔和，或趋于沉重。

● 色调：画面中总是由具有某种内在联系的各种色彩组成一个完整统一的整体，形成画面色彩总的趋向就称为色调。

● 色性：是指色彩的冷暖倾向。

6.1.3 色彩直方图

如图6-7所示，色彩直方图是一种二维统计图表，它的横纵坐标分别代表色彩亮度级别和各个亮度级别下色彩的像素含量。

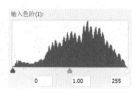

图6-7

1. 普通直方图

在普通图像的直方图中，像素分布像山峰一样，两端各有一部分像素位于高光和阴影处，中间的大部分像素处于中间调部分，如图6-8所示。

图6-8

2. 欠曝直方图

缺乏曝光的图像中代表色彩像素含量的直方图整体偏向阴影部分，图像色彩偏暗，如图6-9所示。

图6-9

3. 过曝直方图

曝光过度的图像中代表色彩像素含量的直方图整体偏向高光部分，图像色彩偏亮，如图6-10所示。

图6-10

4. 过饱和直方图

色彩过于饱和的图像中代表色彩像素含量的直方图形状扁平化，如图6-11所示。

图6-11

5. 欠饱和直方图

色彩欠饱和的图像中代表色彩像素含量的直方图偏向于中间,高光和暗部几乎没有像素,图像色彩非常平淡,图像表现为发灰,如图6-12所示。

图6-12

6.1.4 常用颜色模式

使用计算机处理数码照片经常会涉及"颜色模式"这一概念。图像的颜色模式是指将某种颜色表现为数字形式的模型,或者说是一种记录图像颜色的方式。在Photoshop中,颜色模式分为位图模式、灰度模式、双色调模式、索引颜色模式、RGB颜色模式、CMYK颜色模式、Lab颜色模式和多通道模式。在处理人像数码照片时,一般使用RGB颜色模式、CMYK颜色模式和Lab颜色模式。

1. RGB颜色模式

RGB颜色模式是一种发光模式,也叫加光模式。RGB分别代表Red(红色)、Green(绿色)和Blue(蓝)。在"通道"面板中可以查看3种颜色通道的状态信息,如图6-13所示。RGB颜色模式下的图像只有在发光体上才能显示出来,如显示器和电视等,该模式包括的颜色信息(色域)有1670多万种,是一种真色彩颜色模式。

2. CMYK颜色模式

CMYK颜色模式是一种印刷模式,也叫减光模式,该模式下的图像只有在印刷体上才可以观察到,如纸张。CMYK颜色模式包含的颜色总数比RGB颜色模式少很多,所以在显示器上观察到的图像要比印刷出来的图像亮丽一

些。CMY是3种印刷油墨名称的首字母,C代表Cyan(青色),M代表Magenta(洋红),Y代表Yellow(黄色),而K代表Black(黑色),这是为了避免与Blue(蓝色)混淆,因此黑色选用的是Black的最后一个字母K。在"通道"面板中可以查看4种颜色通道的状态信息,如图6-14所示。

图6-13

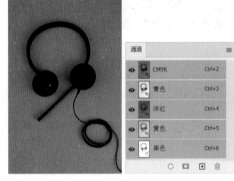

图6-14

3. Lab颜色模式

Lab颜色模式是由明度(L)、有关色彩的a和b共3个要素组成,L表示Luminosity(照度),相当于亮度;a表示从红色到绿色的范围;b表示从黄色到蓝色的范围,如图6-15(a)所示。在"通道"面板可以看到图6-15(b)所示的通道状态信息。

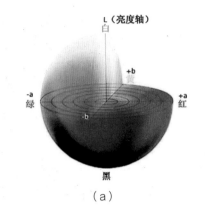

（a）

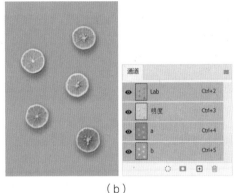

（b）

图6-15

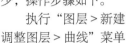 小提示

Lab颜色模式是最接近真实世界颜色的一种颜色模式，它包括RGB颜色模式和CMYK颜色模式的所有颜色信息。

6.1.5 互补色

1. 互补色

在图6-16所示的色相环中，处于色相环直径两端的两种颜色互为互补色，例如，蓝色和黄色、绿色和洋红色、红色和青色互为互补色。

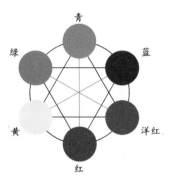

图6-16

2. 互补色的性质

减少图像中任意一种颜色的成分，它的互补色成分一定会增加，增加图像中任意一种颜色的成分，它的互补色成分一定会减少。增加图6-17所示图像中的红色成分，查看图像中的青色成分是否会减少，操作步骤如下。

执行"图层 > 新建调整图层 > 曲线"菜单

图6-17

命令，在"新建图层"对话框中单击"确定"按钮，打开"属性"面板，如图6-18所示，调整曲线增加图像中的红色，此时图像显示效果如图6-19所示，与原图相比，图像中的红色成分增加，青色成分减少。

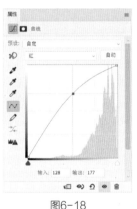

图6-18

图6-19

6.1.6 加减色

1. 加减色

通过色相的混合对颜色的明度产生影响，如果叠加后图像变亮，则为加色模式；如果叠加后图像变暗，则为减色模式。

2. 加减色的使用

如果图像比较暗，则一般选择加色模式来提亮；如果图像比较亮，则一般选择减色模式来压暗。要求用加减色两种模式增加图6-20所示图像中的红色（减少青色）。增加图像中的红色有两种方式，第1种是增加图像中的红色，第2种是减少图像中的绿色和蓝色。

（1）加色模式：增加图像中的红色。

执行"图层 > 新建调整图层 > 曲线"菜单命令，在"新建图层"对话框中单击"确定"按

图6-20

钮,打开曲线"属性"面板,如图6-21所示。调整曲线增加图像中的红色,此时图像显示效果如图6-22所示,与原图相比,图像中的红色增加了,并且图像变亮了。

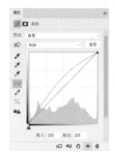

图6-21　　　　　　图6-22

(2)减色模式:减少图像中的蓝色和绿色。

打开曲线"属性"面板,如图6-23所示,减少图像中的蓝色和绿色,此时图像显示效果如图6-24所示,与原图相比,图像中的红色增加了,并且图像变暗了。

图6-23　　　　　　图6-24

6.1.7 色彩冷暖

冷暖色是让人产生不同温度感觉的色彩。需要注意色彩的冷暖是相对的,如图6-25和图6-26所示的两张素材,黄绿色给人暖意,深绿色给人冷意。

暖色:让人觉得热烈、兴奋、温暖的红色、橙色、黄色等颜色被称为暖色,如图6-27~图6-29所示的素材都为暖色图像。

冷色:让人觉得寒冷、安静、沉稳的蓝色、绿色、青色等颜色被称为冷色,如图6-30~图6-33所示的几张素材都为冷色图像。

图6-25　　　　　　图6-26

图6-27　　　　　　图6-28

图6-29　　　　　　图6-30

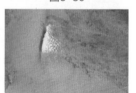

图6-31　　　　　　图6-32

6.2　图像的明暗调整

明暗调整命令主要用于调整太亮或太暗的图像。很多图像由于外界因素的影响,会出现曝光不足或曝光过度的现象,这时可以利用明暗调整来处理图像,最终到达理想的效果。

6.2.1 课堂案例:将素材调整成"深秋"色调

实例位置	实例文件>CH06>将素材调整成"深秋"色调.psd
素材位置	素材文件>CH06>素材02.jpg
技术掌握	"曲线"命令、调整图层蒙版使用

微课视频

本案例通过"曲线"命令，要求将素材调整成"深秋"色调，最终效果如图6-33所示。

1 操作步骤

（1）打开Photoshop，执行"文件>打开"菜单命令，在弹出的对话框中选择"素材文件>CH06>素材02"文件，效果如图6-34所示。

图6-33 　　　　　 图6-34

（2）执行"图层>新建调整图层>曲线"命令，在"新建图层"对话框中单击"确定"按钮，打开曲线"属性"面板，如图6-35所示，"图层"面板会自动添加一个自带蒙版的曲线调整图层，如图6-36所示。

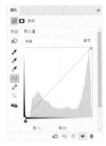 

图6-35 　　　　　 图6-36

（3）观察到素材中是大面积的草地和树木，"深秋"色调主要通过改变它们的色调来实现，所以增加红通道中的红色（减少青色），如图6-37所示，此时图像效果如图6-38所示。

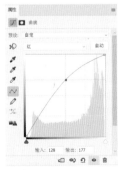 

图6-37 　　　　　 图6-38

（4）减少绿通道中的绿色（增加洋红色），如图6-39所示，此时图像效果如图6-40所示。

（5）减少蓝通道中的蓝色（增加黄色），如图6-41所示，此时图像效果如图6-42所示。

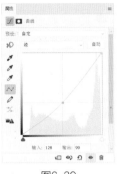 

图6-39 　　　　　 图6-40

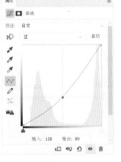 

图6-41 　　　　　 图6-42

（6）通过调整曲线，可以观察到素材中的草地和树木都带有了"深秋"色彩，只是刚才的调整也涉及了蓝天白云，如图6-43所示，在"图层"面板单击曲线调整图层自带的蒙版选择该蒙版。

图6-43

（7）设置前景色为黑色，然后选择柔边画笔工具，设置画笔大小为500，不透明度为50%，如图6-44所示，对蓝天白云区域进行涂抹，最终效果如图6-45所示。

图6-44

图6-45

6.2.2 亮度/对比度

使用"亮度/对比度"命令，可以在打开的"亮度/对比度"对话框中对图像的色调范围进行简单的调整，如图6-46所示。

图6-46

● 亮度：用来设置图像的整体亮度。数值为负时，表示降低图像的亮度；数值为正时，表示提高图像的亮度。

● 对比度：用于设置图像亮度对比的强烈程度。数值越低，对比度越低；数值越高，对比度越高。

举例：

打开图6-47所示的素材，执行"图像>调整>亮度/对比度"菜单命令（或执行"图层>新建调整图层>亮度/对比度"菜单命令），打开"亮度/对比度"对话框，调整参数如图6-48所示，即可恢复图像的亮度和对比度，效果如图6-49所示。

图6-47

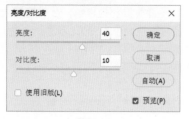

图6-48

图6-49

小提示

执行"图像>调整>亮度/对比度"菜单命令或执行"图层>新建调整图层>亮度/对比度"菜单命令，都可以对图像的"亮度/对比度"进行调整。

这两个命令的区别是，执行"图像>调整>亮度/对比度"菜单命令会在原图上直接进行调色，这种方式属于不可修改方式，一旦调整了图像的色调并确定后，就不可以再重新修改调色命令的参数。

执行"图层>新建调整图层>亮度/对比度"菜单命令会在原图层的上方创建一个"亮度/对比度"调整图层，所有调色的参数都保存在该调整图层中，如果对调整效果不满意，则可以在该调整图层中重新设置其参数，并且该调整图层还带有蒙版，使调色可以只针对背景中的某一区域。

对于一张素材，如果确定调色方向，后期不会再修改，则直接使用第一种调色方式即可；如果调完色还有修改的可能，就选择第二种调色方式，但需要注意，第二种方式保存的图像所占存储空间要比第一种大很多。

6.2.3 色阶

"色阶"命令是一个非常强大的颜色与色调调整工具，执行该命令，可以在打开的"色阶"对话框中对图像的阴影、中间调和高光强度级别进行调整，从而校正图像的色调范围和色彩平衡；此外，还可以分别对各个通道进行调整，以校正图像的色彩，如图6-50所示。

● 预设：可以在"预设"下拉列表中选择一种预设的色阶调整选项来对图像进行调整。

● 预设选项 ✿：单击该按钮，可以保存当前设置的参数，或载入一个外部的预设调整文件。

● 通道：可以在"通道"下拉列表中选择一

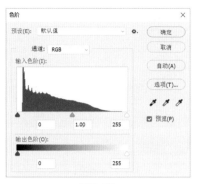

图6-50

个通道来对图像进行调整，以校正图像的颜色。

● 吸管工具：包括设置黑场 ✔、设置灰场 ✔ 和设置白场 ✔。

选择"设置黑场"吸管工具并在图像中单击，所单击的点为图像中最暗的点，比该点暗的区域都变为黑色，比该点亮的区域相应地变暗。

选择"设置灰场"吸管工具并在图像中单击，可将图像中单击选取位置的颜色定义为图像中的偏色，从而使图像的色调重新分布，可以用来处理图像的偏色。

选择"设置白场"吸管工具并在图像中单击，所单击的点为图像中最亮的点，比该点亮的区域都变成白色，比该点暗的区域相应地变亮。

图6-51所示为原图，打开"色阶"对话框，选择"设置黑场"吸管工具 ✔，在黑色的背景上单击，效果如图6-52所示；选择"设置白场"吸管工具 ✔，在白色的光斑上单击，效果如图6-53所示。

图6-51

图6-52

图6-53

● 输入色阶>输出色阶：拖曳输入色阶和输出色阶下方相应的滑块可以调整图像的亮度和对比度。

举例：

打开图6-54所示的素材，执行"图像>调整>色阶"菜单命令（或执行"图层>新建调整图层>色阶"菜单命令）或按Ctrl+L组合键，打开"色阶"对话框，调整参数如图6-55所示，即可将这

张发灰的图像恢复为正常的色调，效果如图6-56所示。

图6-54

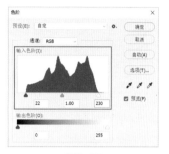

图6-55

图6-56

6.2.4 曲线

"曲线"命令是最重要、最强大的调整色彩和亮度的命令，也是实际工作中使用频率最高的调整命令之一，它具备了"亮度/对比度""阈值"和"色阶"等命令的功能。执行该命令，在打开的"曲线"对话框中调整曲线的形状，可以对图像的色调进行非常精确的调整，如图6-57所示。

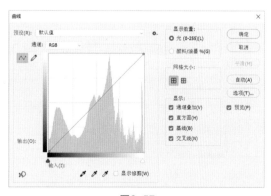

图6-57

● 预设选项 ⚙：单击该按钮，可以保存当前设置的参数，或载入一个外部的预设调整文件。

● 通道：可以在"通道"下拉列表中选择一个通道来对图像进行调整，以校正图像的颜色。

● 编辑点以修改曲线 ～：单击该按钮，在曲线上单击，可以添加新的控制点，拖曳控制点可以改变曲线的形状，从而达到调整图像的目的，如图6-58和图6-59所示。

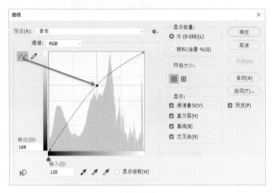

图6-58

图6-59

● 通过绘制来修改曲线 ✎：单击该按钮，可以以手绘的方式自由绘制曲线，绘制好曲线以后，单击"编辑点以修改曲线"按钮，可以显示出曲线上的控制点，如图6-60～图6-62所示。

举例：

打开图6-63所示的素材，执行"图像>调整>曲线"菜单命令（或执行"图层>新建调整图层>曲线"菜单命令）或按Ctrl+M组合键，打开

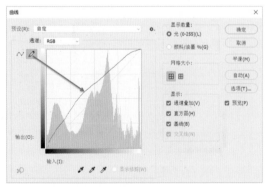

图6-60

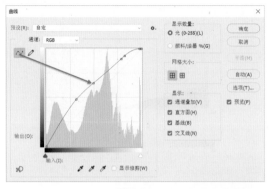

图6-61

图6-62 　　　　　　　　 图6-63

"曲线"对话框，调整参数如图6-64所示，即可将过暗的图像恢复原本的亮度，效果如图6-65所示。

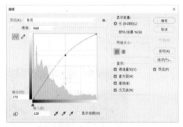

图6-64 　　　　　　　　 图6-65

以图6-66所示的素材为例，说明几种常见的曲线。

图6-66

1. 提亮曲线

执行"图层>新建调整图层>曲线"菜单命令，在"新建图层"对话框中单击"确定"按钮，打开"曲线"对话框，如图6-67所示，选择RGB通道，然后将曲线向左上角拖曳，图像窗口显示图6-68所示的效果，此曲线可以将图

像整体变亮，所以类似此形状的曲线称为"提亮曲线"。

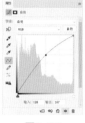 

图6-67　　　　　　　　图6-68

2. 压暗曲线

如图6-69所示，选择RGB通道，将曲线向右下角拖曳，图像窗口显示图6-70所示的效果，此曲线可以将图像整体变暗，所以类似此形状的曲线称为"压暗曲线"。

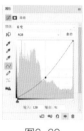 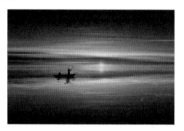

图6-69　　　　　　　　图6-70

3. S曲线

如图6-71所示，选择RGB通道，将高光部分向左上角拖曳，阴影部分向右下角拉，图像窗口显示图6-72所示的效果，此曲线可以增加图像的对比度，所以类似此形状的曲线称为"S曲线"。

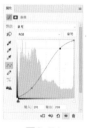 

图6-71　　　　　　　　图6-72

4. 反S曲线

如图6-73所示，选择RGB通道，然后将高光部分向右下角拉，阴影部分向左上角拉，图像窗口显示图6-74所示的效果，此曲线可以降低图像的对比度，所以类似此形状的曲线称为"反S曲线"。

5. 偏红色调曲线

如图6-75所示，选择"红"通道，将曲线向左上角拉，图像窗口显示图6-76所示的效

果，此曲线可以将图像的整体色调变红，所以类似此形状的曲线称为"偏红色调曲线"。

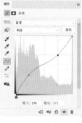 

图6-73　　　　　　　　图6-74

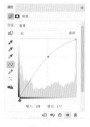 

图6-75　　　　　　　　图6-76

6. 偏青色调曲线

如图6-77所示，选择"红"通道，将曲线向右下角拉，图像窗口显示图6-78所示的效果，此曲线可以将图像整体色调变青，所以类似此形状的曲线称为"偏青色调曲线"。

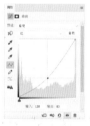 

图6-77　　　　　　　　图6-78

7. 偏绿色调曲线

如图6-79所示，选择"绿"通道，将曲线向左上角拉，图像窗口显示图6-80所示的效果，此曲线可以将图像整体色调变绿，所以类似此形状的曲线称为"偏绿色调曲线"。

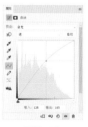 

图6-79　　　　　　　　图6-80

8. 偏洋红色调曲线

如图6-81所示，选择"绿"通道，将曲线向

右下角拉，图像窗口显示图6-82所示的效果，此曲线可以将图像整体色调变洋红，所以类似此形状的曲线称为"偏洋红色调曲线"。

图6-81　　　　　　　图6-82

9. 偏蓝色调曲线

如图6-83所示，选择"蓝"通道，将曲线向左上角拉，图像窗口显示图6-84所示的效果，此曲线可以将图像整体色调变蓝，所以类似此形状的曲线称为"偏蓝色调曲线"。

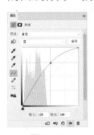 

图6-83　　　　　　　图6-84

10. 偏黄色调曲线

如图6-85所示，选择"蓝"通道，将曲线向右下角拉，图像窗口显示图6-86所示的效果，此曲线可以将图像整体色调变黄，所以类似此形状的曲线称为"偏黄色调曲线"。

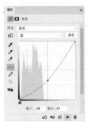 

图6-85　　　　　　　图6-86

11. 亮度和色彩结合调整

要求将图6-87所示的素材整体亮度提亮，然后在图像中添加一部分蓝色。

打开"曲线"面板，如图6-88所示，选择RGB通道，将曲线向左上角拉，素材被提亮，如图6-89所示。选择"蓝"通道，将曲线向左上角拉，如图6-90所示，图像被添加了一部分绿色，如图6-91所示。

图6-87

图6-88　　　　　　　图6-89

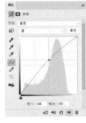 

图6-90　　　　　　　图6-91

6.2.5　曝光度

"曝光度"命令专门用于调整HDR图像的曝光效果，它是通过在线性颜色空间（而不是当前颜色空间）执行计算得出的曝光效果。图6-92为"曝光度"对话框。

图6-92

● 曝光度：向左拖曳滑块，可以降低曝光效果；向右拖曳滑块，可以增强曝光效果。

● 位移：该选项主要对阴影和中间调起作用，可以使其变暗，但对高光基本不会产生影响。

● 灰度系数校正：使用一种乘方函数来调整图像灰度系数。

举例：

打开图6-93所示的素材，执行"图像>调整>曝光度"菜单命令（或执行"图层>新建调整图层>曝光度"命令），打开"曝光度"对话框，调整参数如图6-94所示，即可恢复图像正常的高光、中间调和阴影，效果如图6-95所示。

图6-93

图6-94　　　　图6-95

6.2.6 阴影/高光

"阴影/高光"命令可以基于阴影/高光中的局部相邻像素来校正每个像素，修复图像亮部和暗部，在调整阴影区域时，对高光区域的影响很小，而调整高光区域又对阴影区域的影响很小。图6-96为"阴影/高光"对话框。

图6-96

● 阴影："数量"选项用来控制阴影区域的亮度，值越大，阴影区域就越亮。
● 高光："数量"用来控制高光区域的黑暗程度，值越大，高光区域越暗。

小提示

勾选"显示更多选项"复选框会打开更为详细的选项卡，如图6-97所示，在其中还可以调整阴影/高光的色调和半径等属性。

图6-97

举例：

打开图6-98所示的素材，执行"图像>调整>曝光度"菜单命令，打开"阴影/高光"对话框，调整参数如图6-99所示，即可恢复图像正常的高光和阴影，效果如图6-100所示。

图6-98

图6-99　　　　图6-100

6.3 图像的色彩调整

常用的图像色彩调整命令包括"色相/饱和度""通道混合器"和"色彩平衡"等，被广泛应用于数码照片的处理领域。

6.3.1 课堂案例：给素材中的花朵调整色彩

实例位置	实例文件>CH06>给素材中的花朵调整色彩.psd	
		微课视频
素材位置	素材文件>CH06>素材03.jpg	
技术掌握	色相/饱和度	

本案例练习"色相/饱和度"命令的用法，将素材中的花朵调整成洋红色，最终效果如图6-101所示。

图6-101

操作步骤

（1）打开Photoshop，执行"文件>打开"菜单命令，在弹出的"打开"对话框中选择"素材文件>CH06>素材03"文件，效果如图6-102所示。

图6-102

（2）执行"图层>新建调整图层>色相/饱和度"命令，在"新建图层"对话框中单击"确定"按钮，打开"色相/饱和度"对话框，如图6-103所示，"图层"面板会自动添加一个自带蒙版的"色相/饱和度"调整图层，如图6-104所示。

图6-103　　　　　图6-104

（3）观察到素材中的花朵是红色的，所以先选择红色，如图6-105所示，然后将"色相"滑块拖到-30位置，即可得到图6-106所示的洋红色。

图6-105　　　　　图6-106

6.3.2 自然饱和度

使用"自然饱和度"命令可以快速调整图像的饱和度，并且可以在增加图像饱和度的同时有效控制颜色过于饱和而出现的溢色现象。图6-107为"自然饱和度"对话框。

图6-107

● 自然饱和度：图6-108为原图，打开"自然饱和度"对话框，向右拖曳滑块，可以增加颜色的饱和度，如图6-109所示；向左拖曳滑块，可以降低颜色的饱和度，如图6-110所示。

图6-108　　　　　图6-109

图6-110

💡 **小提示**

调节"自然饱和度"选项，不会生成饱和度过高或过低的颜色，画面始终保持一个比较平衡的色调，这对于调节人像非常有用。

● 饱和度：向右拖曳滑块，可以增加所有颜色的饱和度，如图6-111所示；向左拖曳滑块，可以降低所有颜色的饱和度，如图6-112所示。

图6-111

图6-112

举例：

打开图6-113所示的素材，执行"图像>调整>自然饱和度"菜单命令（或执行"图层>新建调整图层>自然饱和度"菜单命令），打开"自然饱和度"对话框，调整参数如图6-114所示，即可恢复图像的饱和度，效果如图6-115所示。

图6-113　　　　图6-115

图6-114

6.3.3 色相/饱和度

使用"色相/饱和度"命令可以调整整个图像或选区内图像的色相、饱和度和明度，还可以对单个通道进行调整，该命令也是实际工作中使用频率最高的调整命令之一。图6-116为"色相/饱和度"对话框。

图6-116

● 作用范围：可以选择全图或其他颜色，选择全图时，色彩调整针对整个图像的色彩，选择某个颜色时，只针对该颜色进行调整。

● 色相：调整图像的色彩倾向。图6-117为原图，打开"色相/饱和度"对话框，在对应的文本框中输入数值或直

图6-117

接拖曳滑块即可改变颜色倾向，如图6-118所示。

● 饱和度：调整图像中像素的颜色饱和度。数值越高颜色越浓，反之则颜色越淡，如图6-119和图6-120所示。

图6-118

图6-119

图6-120

● 明度：调色图像中像素的明暗程度。数值越高图像越亮，反之则越暗，如图6-121和图6-122所示。

图6-121

图6-122

● 着色：勾选时，可以消除图像中的黑白或彩色元素，从而转化为单色调。

举例：

打开图6-123所示的素材，然后执行"图像>调整>色相/饱和度"菜单命令（或执行"图层>新建调整图层>色相/饱和度"菜单命令）或按Ctrl+U组合键，打开"色相/饱和度"对话框，调整参数如图6-124所示，即可修改图像的色相、饱和度和明度，效果如图6-125所示。

图6-123

图6-124　　　　　图6-125

6.3.4　色彩平衡

"色彩平衡"命令通过调整阴影、中间调和高光中各个单色的成分来平衡图像的色彩，可以更改图像总体颜色的混合程度。图6-126为"色彩平衡"对话框。

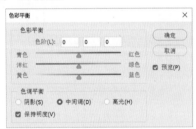

图6-126

● 色彩平衡：将青色/红色、洋红/绿色或黄色/蓝色滑块拖向要添加到图像的颜色；拖曳滑块远离要从图像中减去的颜色。滑块上方的值显示红色、绿色和蓝色通道的颜色变化。这些值的范围为-100～+100。拖曳滑块时，可以直接查看应用到图像的调整。

● 色调平衡：选择任意色调平衡选项（阴影、中间调或高光），以选择要将编辑焦点对准的色调范围。

● 保持明度：勾选该复选框，以防止图像的明度随颜色的更改而改变。默认勾选该复选框，以保持图像的整体色调平衡。

举例：

打开图6-127所示的素材，执行"图像>调整>色彩平衡"菜单命令（或执行"图层>新建调整图层>色彩平衡"菜单命令）或按Ctrl+B组合键，打开"色彩平衡"对话框，如图6-128所示。

图6-127　　　　　图6-128

选择阴影、中间调或高光后，通过调整"青色-红色""洋红-绿色""黄色-蓝色"在图像中所占的比例，更改图像颜色，数值可以手动输入，也可以拖曳滑块来调整。例如，选择中间调后，向右拖曳"青色-红色"滑块，在图像中增加红色，同时减少其补色青色，如图6-129所示；向左拖曳"洋红-绿色"滑块，可以在图像中增加洋红，同时减少其补色绿色；向左拖曳"黄色-蓝色"滑块，可以在图像中增加黄色，同时减少其补色蓝色，效果如图6-130所示。

图6-129　　　　　图6-130

6.3.5　黑白与去色

执行调整命令中的"黑白"和"去色"命令，可以对图像进行去色处理，不同的是，"黑白"命令对图像中的黑白亮度进行调整，并调整出单调的图像效果；而"去色"命令只能将图像中的色彩直接去掉，使图像保留原来的亮度。

举例：

打开图6-131所示的素材，执行"图像>调整>黑白"菜单命令（或执行"图层>新建调整图层>黑白"菜单命令）或按Alt+Shift+Ctrl+B 组合键，打开"黑白"对话框，设置参数如图6-132所示，得到图6-133 所示的效果；执行"图像>调整>去色"菜单命令或按Shift+Ctrl+U组合键，为图像去色，效果如图6-134 所示。

图6-131

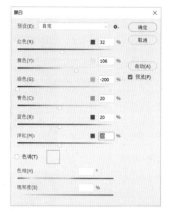

图6-132

图6-133　　　　图6-134

6.3.6 照片滤镜

使用"照片滤镜"命令可以模仿在相机镜头前面添加彩色滤镜的效果，以便调整通过镜头传输的光的色彩平衡、色温和胶片曝光，"照片滤镜"允许选取一种颜色将色相调整应用到图像中。图6-135为"照片滤镜"对话框。

图6-135

● 滤镜：从该下拉列表中选取滤镜。

● 颜色：对于自定滤镜，选择"颜色"单选按钮。单击颜色方块，在打开的拾色器中为自定颜色滤镜指定颜色。

● 密度：调整应用于图像的颜色数量，密度越高，颜色调整幅度就越大。

● 保留明度：勾选该复选框，以防止图像的明度随颜色的更改而改变。默认勾选该复选框，以保持图像的整体色调平衡。

举例：

打开图6-136所示的素材，然后执行"图像>调整>照片滤镜"菜单命令（或执行"图层>新建调整图层>照片滤镜"菜单命令），打开"照片滤镜"对话框，调整参数如图6-137所示，即可得到图6-138所示的效果。

图6-136

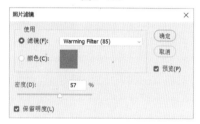

图6-137

图6-138

6.3.7 通道混合器

使用"通道混合器"命令可以对图像某个通道的颜色进行调整，以创建出各种不同色调的图像，还可以用来创建高品质的灰度图像。图6-139为"通道混合器"对话框。

● 输出通道：可以在该下拉列表中选择一种通道来对图像的色调进行调整。

● 源通道：用来设置源通道在输出通道中所占的百分比。将一个源通道的滑块向左拖曳，可以减小该通道在输出通道中所占的百分比；向右拖曳，则可以增百分比。

- 常数：用来设置输出通道的灰度值。负值可以在通道中增加黑色，正值可以在通道中增加白色。

- 单色：勾选该复选框，可以将彩色图像转换为黑白图像。

举例：

打开图6-140所示的素材，执行"图像>调整>通道混合器"菜单命令（或执行"图层>新建调整图层>通道混合器"命令），打开"通道混合器"对话框，调整参数如图6-141所示，即可得到图6-142所示的效果。

图6-139　　　　　图6-140

图6-141　　　　　图6-142

6.3.8 可选颜色

"可选颜色"是一个很重要的调色命令，它可以在图像中的每个主要原色成分中更改印刷色的数量，也可以有选择地修改任何主要颜色中的印刷色数量，并且不会影响其他主要颜色。图6-143为"可选颜色"对话框。

- 颜色：用来设置图像中需要改变的颜色。在该下拉列表中选择需要改变的颜色，可以通过下方的青色、洋红、黄色、黑色滑块对选择的颜色进行设置，设置的数值越小颜色越淡，反之则越浓。

- 方法：用来设置墨水的量，包括"相对"和"绝对"两个选项。相对是指按照调整后总量

的百分比来更改现有的青色、洋红、黄色或黑色的量，该选项不能调整纯色白光，因为它不包括颜色成分；绝对是指采用绝对值调整颜色。

举例：

打开图6-144所示的素材，将黄色的花调整成粉色，执行"图像>调整>可选颜色"菜单命令（或执行"图层>新建调整图层>可选颜色"菜单命令），打开"可选颜色"对话框，调整参数如图6-145所示，即可得到图6-146所示的效果。

图6-143　　　　　图6-144

图6-145　　　　　图6-146

6.3.9 匹配颜色

使用"匹配颜色"命令可以同时将两个图像更改为相同的色调。即使一个图像（源图像）的颜色与另一个图像（目标图像）的颜色匹配。如果希望不同图像的色调看上去一致，或者一个图像中特定元素的颜色必须和另一个图像中某个元素的颜色相匹配时，该命令非常实用。图6-147

图6-147

为"匹配颜色"对话框。

● 图像选项：该选项组用于设置图像的混合选项，如明亮度、颜色强度等。

明亮度：用于调整图像匹配的明亮程度。数值小于100，混合效果越暗；数值大于100，混合效果越亮。

颜色强度：该选项相当于图像的饱和度。数值越低，混合后的饱和度越低；数值越高，混合后的饱和度越高。

渐隐：该选项有点类似于图层蒙版，它决定了有多少源图像的颜色匹配到目标图像的颜色中。数值越低，源图像匹配到目标图像的颜色越多；数值越高，源图像匹配到目标图像的颜色越少。

中和：勾选该复选框，可以消除图像中的偏色现象。

● 图像统计：该选项组用于选择要混合的目标图像的源图像及设置源图像的相关选项。

源：用来选择源图像，即将颜色匹配到目标图像的图像。

举例

打开图6-148和图6-149所示的素材，选择图6-148所示的素材，执行"图像>调整>匹配颜色"菜单命令，打开"匹配颜色"对话框，调整参数如图6-150所示，即可使图6-149所示素材的色调与图6-148所示的素材匹配，效果如图6-151所示。

图6-148　　　　图6-149

图6-150

图6-151

6.3.10 替换颜色

使用"替换颜色"命令可以将选定的颜色替换为其他颜色，颜色的替换是通过更改选定颜色的色相、饱和度和明度来实现的。图6-152为"替换颜色"对话框。

图6-152

● 吸管：选择"吸管工具" ，在图像上单击，可以选中单击点处的颜色，同时选区缩略图中也会显示选中的颜色区域（白色代表选中的颜色，黑色代表未选中的颜色）；单击"添加到取样"按钮 ，在图像上单击，可以将单击点处的颜色添加到选中的颜色中；单击"从取样中减去"按钮 ，在图像上单击，可以将单击点处的颜色从选定的颜色中减去。

● 颜色容差：用来控制选中颜色的范围。数值越大，选中的颜色范围越广。

● 结果：用于显示结果颜色，也可以用来选择替换的结果颜色。

● 色相/饱和度/明度：这3个选项与"色相/饱和度"命令的3个选项相同，可以调整选中颜色的色相、饱和度和明度。

举例：

打开图6-153所示的素材，执行"图像>调整>替换颜色"菜单命令，打开"替换颜色"对话框，调整参数如图6-154所示，即可得到图6-155所示的效果。

图6-153

图6-154

图6-155

6.3.11 色调均化

使用"色调均化"命令可以重新分布图像中像素的亮度值，以便它们均匀地呈现所有范围的亮度级（即0~266）。在使用该命令时，图像中最亮的值将变成白色，最暗的值将变成黑色，中间的值将分布在整个灰度范围内。

举例：

打开图6-156所示的素材，执行"图像>调整>色调均化"菜单命令，即可得到图6-157所示的效果。

图6-156

图6-157

6.4 图像的特殊色调调整

在调整图像的特殊色调时，可以运用反相、色调分离、渐变映射等命令，使图像呈现出不一样的视觉效果。

6.4.1 课堂案例：利用"阈值"创建星空狮子

实例位置	实例文件>CH06>利用"阈值"创建星空狮子.psd
素材位置	素材文件>CH06>素材04.jpg、素材05.jpg
技术掌握	"阈值"功能

微课视频

本案例通过"扩展填充"功能，要求对素材两边进行扩展，最终效果如图6-158所示。

图6-158

操作步骤

（1）打开Photoshop，执行"文件>打开"菜单命令，在弹出的对话框中选择"素材文件>CH06>素材04"文件，效果如图6-159所示。

（2）执行"图像>调整>阈值"菜单命令，打开"阈值"对话框，如图6-160所示。

图6-159　　　　　图6-160

（3）如图6-161所示，调整参数为41，得到图6-162所示的高对比度的黑白图像。

图6-161　　　　　图6-162

（4）选择"通道"面板，按住Ctrl键后，单击图6-163所示的RGB缩览图，载入素材中的白色区域选区，接着在执行"选择>反选"菜单命令反选选区，效果如图6-164所示。

图6-163　　　　　图6-164

（5）按Ctrl+J组合键将选区内容复制一层，如图6-165所示，"图层"面板增加一个新的图层——"图层1"，隐藏背景得到图6-166所示的效果。

图6-165

图6-166

（6）执行"文件>打开"菜单命令，在弹出的对话框中选择"素材文件>CH06>素材05"文件，效果如图6-167所示。选择移动工具，将素材05拖曳到"图层1"上得到"图层2"，并按Ctrl+T组合键调整"图层2"的大小及位置，如图6-168所示。

图6-167

图6-168

（7）在"图层"面板将"图层2"拖到"图层1"下方所示，如图6-169所示，即可得到图6-170所示的星空狮子效果。

图6-169　　　　　图6-170

6.4.2 反相

使用"反相"命令可以将图像中的某种颜色转换为它的补色，即将原来的黑色变成白色，或将原来的白色变成黑色，从而创建出负片效果。

举例：

打开一张图像，如图6-171所示，执行"图层>调整>反相"菜单命令（或执行"图层>新建调整图层>反相"菜单命令）或按Ctrl+I组合键，即可得到反相效果，如图6-172所示。

图6-171　　　　　图6-172

6.4.3 色调分离

使用"色调分离"命令可以指定图像中每个通道的色调级数目或亮度值，并将像素映射到最接近的匹配级别，也就是说将相近的颜色融合成块面。

举例：

打开图6-173所示的素材，执行"图像>调整>色调分离"菜单命令（或执行"图层>新建调整图层>色调分离"菜单命令），打开"色调分离"对话框，如图6-174所示，设置的色阶越小，分离的色调越多，值越大，保留的图像细节就越多，图6-175是应用色调分离后的效果。

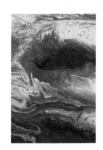

图6-173

图6-175

图6-174

6.4.4 阈值

使用"阈值"命令可以将彩色图像或者灰度图像转换为高对比度的黑白图像。当指定某个色阶作为阈值时，所有比阈值暗的像素都将转换为黑色，而所有比阈值亮的像素都将转换为白色。

举例：

打开一张素材文件，如图6-176所示，执行"图像>调整>阈值"菜单命令（或执行"图层>新建调整图层>阈值"菜单命令），打开对话框，默认参数为224，如图6-177所示，调整参数为101，即可得到图6-178所示的高对比度的黑白图像。

图6-176　　图6-178

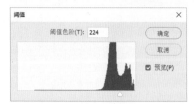

图6-177

6.4.5 渐变映射

"渐变映射"就是将渐变色映射到图像上。在映射过程中，先将图像转换为灰度图像，然后将相等的图像灰度范围映射到指定的渐变填充色。

举例：

打开图6-179所示的素材，然后执行"图像>调整>渐变映射"菜单命令（或执行"图层>新

建调整图层>渐变映射"菜单命令），打开"渐变映射"对话框，调整参数如图6-180所示，即可得到图6-181所示的效果。

图6-179

图6-180　　　　　图6-181

课后习题

• 将麦田调整成不同色彩

实例位置	实例文件>CH06>将麦田调整成不同色彩.psd
素材位置	素材文件>CH06>素材06.jpg
技术掌握	运用"曲线"命令调整图像的色彩

微课视频

本案例主要练习"曲线"命令的用法，将一张偏黄色调的素材调整成偏绿的色调，最终效果如图6-182所示。

（1）打开Photoshop，执行"文件>打开"菜单命令，在弹出的对话框中选择"素材文件>CH06>素材01.jpg"文件，如图6-183所示。

图6-182　　　　　图6-183

（2）执行"图层>新建调整图层>曲线"菜单命令，在"新建图层"对话框中单击"确定"按钮，打开"曲线"对话框，如图6-184所示，"图层"面板自动添加一个曲线调整图层，如图6-185所示。

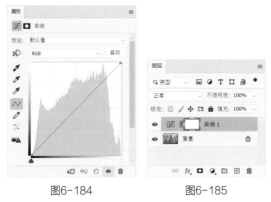

图6-184　　　　　　　图6-185

图6-190　　　　　　　图6-191

（3）因为要增加图像中的绿色，所以减少红通道中的红色（增加青色），如图6-186所示，此时图像效果如图6-187所示。

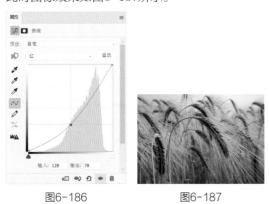

图6-186　　　　　　　图6-187

（4）增加绿通道中的绿色（减少品红色），如图6-188所示，此时图像效果如图6-189所示。

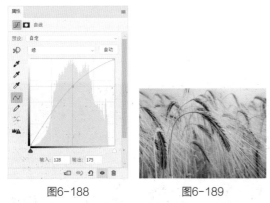

图6-188　　　　　　　图6-189

（5）减少蓝通道中的蓝色（增加黄色），如图6-190所示，此时图像效果如图6-191所示，这样就将素材中的麦田从偏黄色调调整成偏绿色调了。

第7章 文字

本章导读

Photoshop 中的文字由基于矢量的文字轮廓组成,这些形状可以用于表现字母、数字和符号。在编辑文字时,任意缩放文字或调整文字大小都不会产生锯齿现象。在保存文字时,Photoshop 可以保留基于矢量的文字轮廓,文字的输出与图像的分辨率无关。

本章学习要点

- 文字创建工具
- 创建与编辑文本
- 字符 / 段落面板

7.1 文字创建工具

Photoshop提供了4种创建文字的工具。横排文字工具 T.和直排文字工具 IT.主要用来创建点文字、段落文字和路径文字;横排文字蒙版工具 T.和直排文字蒙版工具 IT.主要用来创建文字选区。

7.1.1 课堂案例:创建风吹文字的效果

实例位置	实例文件>CH07>创建风吹文字的效果.psd
素材位置	素材文件>CH07>素材01.jpg
技术掌握	文字、"风"滤镜

微课视频

本案例通过对文字图层进行栅格化,然后添加"风"滤镜等操作,创建风吹文字的效果,最终效果如图7-1所示。

操作步骤

（1）打开Photoshop,执行"文件>打开"菜单命令,在弹出的对话框中选择"素材文件>CH07>素材01"文件,效果如图7-2所示。

（2）选择直排文字工具,设置字体为方正小标宋简体,字号为900点,颜色为白色（R:255,G:255,B:255）,如图7-3所示,然后输入文字"狂风暴雨","图层"面板同时生成"狂风暴雨"文字图层,如图7-4所示。

（3）因为"风"滤镜智能作用在普通图层或者智能对象上,所以执行"图层>栅格化>文字"菜单命令,将文字图层栅格化,转化成图7-5所示的普通图层。

（4）执行"滤镜>风格化>风"菜单命令,在出现的"风"对话框中设置图7-6所示的参数,确定后得到图7-7所示的效果。

（5）以同样的参数,再执行4～5次"滤镜>风格化>风"菜单命令,即可得到图7-8所示的风吹文字的效果。

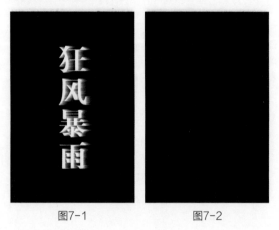

图7-1　　　　　　图7-2

图7-3

图7-4

图7-5　　　　　　图7-6

图7-7　　　　　　图7-8

7.1.2 文字工具

Photoshop提供了两种输入文字的工具，分别是横排文字工具 T.和直排文字工具 IT.。横排文字工具 T.可以用来输入横向排列的文字；直排文字工具 IT.可以用来输入竖向排列的文字。

图7-9为原图，选择直排文字工具 IT.，然后在图像上单击会出现插入光标，输入图7-10所示的文字。横排文字工具选项栏如图7-11所示。

横排文字工具选项介绍

● 切换文本取向 工：如果当前使用的是横排文字工具 T.输入的文字，则选中文本以后，在选项栏中单击"切换文本取向"按钮 工，可以将横向排列的文字更改为直向排列的文字。

图7-9　　　　　　图7-10

图7-11

● 设置字体系列：设置文字的字体。在文档中输入文字以后，要更改字体的系列，可以在文档中选择文本，然后从"设置字体系列"下拉列表中选择想要的字体。

● 设置字体样式：设置文字形态。输入英文以后，可以在选项栏中设置字体的样式，包括Regular（规则）、Italic（斜体）、Bold（粗体）和Bold Italic（粗斜体）。

💡 **小提示**

注意，只有部分英文可以设置字体样式。

● 设置字体大小：输入文字以后，要更改字体的大小，可以直接在文本框中输入数值，也可以在下拉列表中选择预设的字体大小。

● 设置消除锯齿的方法：输入文字以后，可以为文字指定一种消除锯齿的方式，包括"无""锐利""犀利""浑厚"和"平滑"。

● 设置文本对齐方式：文字工具选项栏提供了3种设置文本段落对齐方式的按钮，选择文本以后，单击对应的对齐按钮，可以使文本按指定的方式对齐，包括"左对齐文本" ▉、"居中对齐文本" ▉ 和"右对齐文本" ▉。

💡 **小提示**

如果当前使用的是直排文字工具，那么对齐方式按钮分别会变成"顶对齐文本" ▉、"居中对齐文本" ▉ 和"底对齐文本" ▉，如图7-12所示。

图7-12

● 设置文本颜色：设置文字的颜色。输入文本时，文本颜色默认为前景色，要修改文字颜色，可以在文档中选择文本，然后在选项栏中单击颜色块，在弹出的"拾色器（文本颜色）"对话框中设置需要的颜色。

● 创建文字变形工：单击该按钮，打开"变形文字"对话框，从中可以选择文字变形的方式。

● 切换字符和段落面板▣：单击该按钮，打开"字符"面板和"段落"面板调整文字格式和段落格式。

输入文字后，在"图层"面板中可以看到新生成了一个文字图层，在图层上有一个字母T，表示当前的图层是文字图层，如图7-13所示，Photoshop会自动按照输入的文字命名新建的文字图层。

图7-13

文字图层可以随时进行编辑。选择使用文字工具，拖曳图像中的文字，或双击"图层"面板中文字图层上带有字母T的文字图层缩略图，都可以选中文字，然后在文字工具选项栏中编辑文字。

7.1.3 文字蒙版工具

文字蒙版工具包括横排文字蒙版工具▣和直排文字蒙版工具▣两种。选择横排（或直排）文字蒙版工具，在画布上单击，图像默认状态下会变为半透明红色，并且出现一个光标，表示可以输入文本，如果觉得文字位置不合适，则将鼠标指针放在文本周围，当它变为箭头形状时，可以拖曳文字改变其位置。输入文字后，文字将以选区的形式出现，如图7-14所示。在文字选区中可以填充前景色、背景色及渐变色等，如图7-15所示。

图7-14　　　　图7-15

 小提示

使用文字蒙版工具将输入的文字结束后得到的选区新建为一个图层，再对该图层进行填充、渐变或描边等操作。

7.2 创建与编辑文本

在Photoshop中，可以创建点文字、段落文字、路径文字和变形文字等，输入文字以后，可以修改文字。例如，修改文字的大小写、颜色和行距等。此外，还可以检查和更正拼写、查找和替换文本、更改文字的方向等。

7.2.1 课堂案例：创建路径文字

实例位置	实例文件>CH07>创建路径文字.psd	
素材位置	素材文件>CH07>素材02.jpg	微课视频
技术掌握	路径文字的创建方法	

本案例主要练习路径文字的创建方法，运用路径制作出简单的文字效果，最终效果如图7-16所示。

（1）打开"素材文件>CH07>素材02.jpg"文件，如图7-17所示。

（2）使用钢笔工具▣绘制图7-18所示的路径。

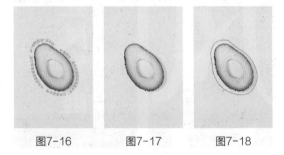

图7-16　　　　图7-17　　　　图7-18

💡 小提示

用于排列文字的路径可以是闭合的，也可以是开放的。

（3）选择直排文字工具，设置字体为方正小标宋简体，字号为210点，颜色为绿色（R：108，G：152，B：54），如图7-19所示。

图7-19

（4）将鼠标指针移到路径上，当鼠标指针变成▣时单击，设置文字插入点，如图7-20所示，在路径上输入文字"牛油果是一种营养价值很高的水果，含多种维生素、丰富的脂肪酸和蛋白质，有"森林奶油"的美誉。"，文字会沿着路径排列，如图7-21所示。

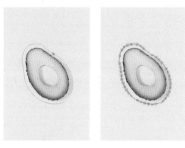

图7-20　　　　图7-21

要取消选择的路径，可以在"路径"面板的空白处单击鼠标左键。

（5）要调整文字在路径上的位置，可以选择路径选择工具 ▶，或直接选择工具 ▶，然后将鼠标指针移至文本的起点、终点或文本上，当它变成 工 形状时，拖曳鼠标即可沿路径移动文字，如图7-22所示。

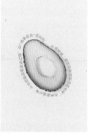

图7-22

7.2.2 创建点文字与段落文字

● 点文字：选择横排文字工具 T，在画布上单击，输入的文字称为点文字。点文字是一个水平或垂直的文本行，每行文字都是独立的，行的长度随着文字的输入而不断增加，但是不会换行，如图7-23所示。

图7-23

● 段落文字：选择横排文字工具 T，在画布上拖曳鼠标画出一个文本框，在文本框中输入的文字称为段落文字，如图7-24所示。段落文字具有自动换行、可调整文字区域大小等优势，它主要用在大量的文本中，如海报或画册等，完成后效果如图7-25所示。

图7-24　　　　　　　　图7-25

7.2.3 创建路径文字

路径文字是指在路径上创建的文字，使用钢笔工具、直线工具或形状工具绘制路径，然后沿着该路径输入文本。文字会沿着路径排列，当改变路径形状时，文字的排列方式也会随之改变。

使用椭圆工具在图像中绘制图7-26所示的路径，选择横排文字工具，在路径上单击，输入文字"Not every day cream cakes instead of long fat man."，最终效果如图7-27所示。

图7-26　　　　　　　　图7-27

7.2.4 创建变形文字

输入文字以后，在文字工具选项栏中单击"创建文字变形"按钮 ，打开图7-28所示的"变形文字"对话框，选择文字变形样式，图7-29为原图，选择"鱼形"变形样式后，文字变形效果如图7-30所示。

图7-28 　　　　　　　　图7-30

图7-29

"变形文字"对话框选项介绍

● 水平/垂直：选择"水平"选项时，文本扭曲的方向为水平方向；选择"垂直"选项时，文本扭曲的方向为垂直方向。

● 弯曲：用来设置文本的弯曲程度。

● 水平扭曲：设置水平方向的透视扭曲变形程度。

● 垂直扭曲：用来设置垂直方向的透视扭曲变形程度。

7.2.5 修改文字

使用文字工具输入文字以后，在"图层"面板中双击文字图层，选择所有文本，此时可以对文字的大小、颜色、大小写、行距、字距、水平/垂直缩放等进行设置。图7-31为原图，修改文字字体、大小和位置后的效果如图7-32所示。

图7-31　　　　　　图7-32

7.2.6 栅格化文字

Photoshop中的文字图层不能直接应用滤镜或进行扭曲、透视等变换操作，若要对文本应用这些滤镜或变换，就需要将其栅格化，使文字变成像素图像。栅格化文字图层的方法共有以下3种。

（1）在"图层"面板中选择文字图层，然后在图层名称上单击鼠标右键，在弹出的快捷菜单中选择"栅格化文字"命令，如图7-33所示，将文字图层转换为普通图层，如图7-34所示。

图7-33　　　　　　图7-34

（2）执行"文字>栅格化文字图层"菜单命令。

（3）执行"图层>栅格化>文字"菜单命令。

7.2.7 将文字图层转换为形状图层

选择文字图层，然后在图层名称上单击鼠标右键，在弹出的快捷菜单中选择"转换为形状"命令，如图7-35所示，可以将文字图层转换为形状图层，如图7-36所示。此外，执行"文字>转换为形状"菜单命令也可以将文字图层转换为形状图层。执行"转换为形状"命令以后，不会保留文字图层。

图7-35　　　　　　图7-36

7.2.8 将文字转换为工作路径

选择一个文字图层，如图7-37所示，执行"文字>创建工作路径"菜单命令，可以将文字的轮廓转换为工作路径，如图7-38所示（将文字图层的填充不透明度调整为0）。

图7-37

图7-38

7.3 "字符"/"段落"面板

文字工具选项栏只提供了很少的参数选项。如果要对文本进行更多的设置,就需要使用"字符"面板和"段落"面板。

7.3.1 课堂案例:电商banner设计

实例位置	实例文件>CH07>电商banner设计.psd
素材位置	素材文件>CH07>素材03.jpg、素材04.png
技术掌握	电商banner的制作方法

微课视频

本案例主要学习利用文字工具制作电商主图的方法,电商主图一般由"背景""修饰元素""文案"和"商品"4部分构成,本案例最终效果如图7-39所示。

图7-39

(1)打开Photoshop,执行"文件>打开"菜单命令,在弹出的对话框中选择"素材文件>CH07>素材03.jpg"文件,效果如图7-40所示。

图7-40

(2)执行"图层>新建>图层"菜单命令,新建一个空白图层,并重命名为"修饰元素",如图7-41所示。

(3)选择画笔工具,设置画笔为硬边圆,不透明度100%,颜色为淡蓝色(R:116,G:170,B:204),如图7-42

图7-41

所示,在图像窗口单击鼠标创建图7-43所示的修饰元素,执行同样的操作创建图7-44所示的其他修饰元素。

图7-43

图7-44

(4)选择横排文字工具,设置字体为Adobe黑体 Std,字号为7点,颜色为白色(R:255,G:255,B:255),如图7-45所示,然后输入文字"高端品质",如图7-46所示,在"图层"面板同时得到"高端品质"文字图层。

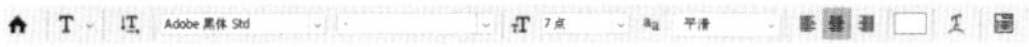

图7-45

图7-46

(5)继续使用横排文字工具,设置字体为Adobe 仿宋 Std,字号为28点,颜色为白色(R:255,G:255,B:255),如图7-47所示,然后输入文字"NEW SEASON",如图7-48所示。

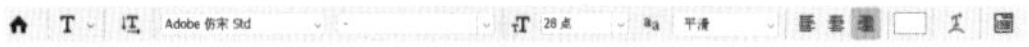

图7-47

图7-48

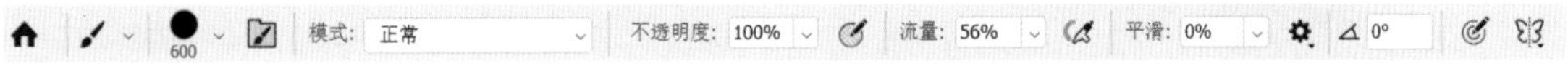

模式:正常 不透明度:100% 流量:56% 平滑:0% 0°

图7-42

（6）继续使用横排文字工具，设置字体为华文琥珀，字号为50点，颜色为白色（R：255，G：255，B：255），然后输入文字"时尚婚纱"，如图7-49所示。

（7）设置字体为Adobe 黑体 Std，字号为16点，颜色为白色（R：255，G：255，B：255），然后输入文字"【时尚新款 重磅上市】"，如图7-50所示。

图7-49　　　　　　　　图7-50

（8）执行"图层>新建>图层"菜单命令，创建一个新的空白图层。选择矩形选框工具，拖曳鼠标创建图7-51所示的选区，按Shift+F5组合键，打开"填充"对话框，选择内容属性中的"颜色"→蓝色（R：70，G：119，B：149），单击"确定"按钮，再按Ctrl+D组合键取消选区，效果如图7-52所示。

图7-51

图7-52

（9）设置字体为Adobe 黑体 Std，字号为14.5点，颜色为白色（R：255，G：255，B：255），然后输入文字"全场满299减20 599减40"，如图7-53所示。

（10）设置字体为Adobe 黑体 Std，字号为11点，颜色为白色（R：255，G：255，B：255），然后输入文字"立即抢购>>"，如图7-54所示。

图7-53　　　　　　　　图7-54

（11）选择除"背景"和"修饰元素"以外的所有图层，执行"图层>图层编组"菜单命令（或按Ctrl+G组合键）进行编组，并将该组重命名为"文案"，如图7-55所示。

（12）打开"素材文件>CH07>素材04.png"文件，如图7-56所示。

图7-55　　　　　　图7-56

（13）选择移动工具，将素材04.png拖曳到"文案"组上得到"图层1"，如图7-57所示。

图7-57

（14）将"图层1"重命名为"产品"，然后按Ctrl+T组合键调整"产品"图层中素材的大小及位置，如图7-58所示即可完成电商banner的制作。

图7-58

7.3.2 "字符"面板

"字符"面板提供了比文字工具选项栏更多的调整选项，如图7-59所示。字体系列、字体样式、字体大小、文字颜色和消除锯齿等都与工具选项栏中的选项相对应。

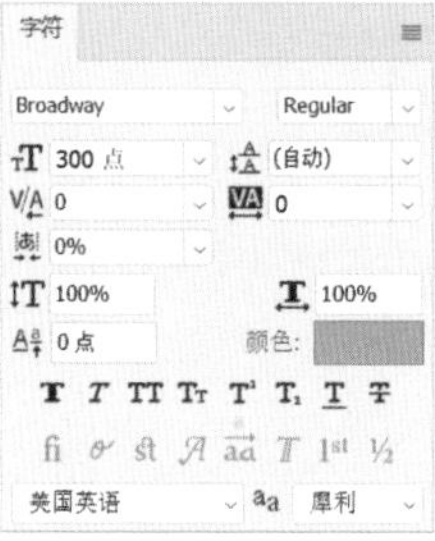

图7-59

“字符”面板选项介绍

● 设置行距：行距就是上一行文字基线与下一行文字基线之间的距离。选择需要调整的文字图层，然后输入行距数值或在其下拉列表中选择预设的行距，图7-60和图7-61分别是行距为100点和160点时的文字效果。

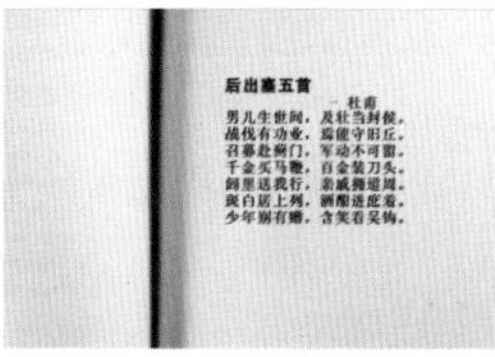
图7-60

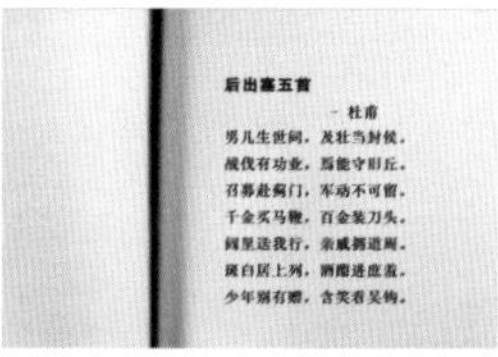
图7-61

● 设置两个字符间的字距微调：用于设置两个字符之间的距离，在设置前先在两个字符间单击鼠标左键，设置插入点，如图7-62所示，然后对数值进行设置，图7-63是间距为1000点时的效果。

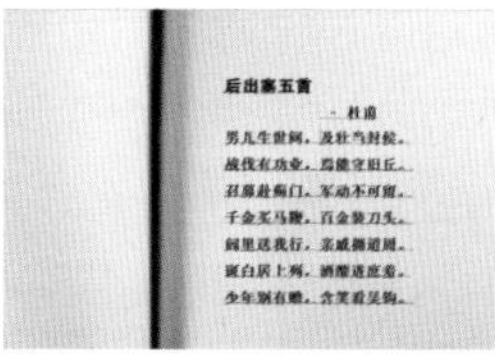
图7-62

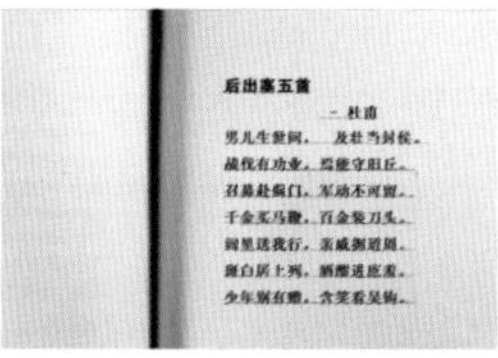
图7-63

● 设置所选字符的字距调整：在选择了字符的情况下，该选项用于调整所选字符之间的距离，如图7-64所示；在没有选择字符的情况下，该选项用于调整所有字符之间的距离，如图7-65所示。

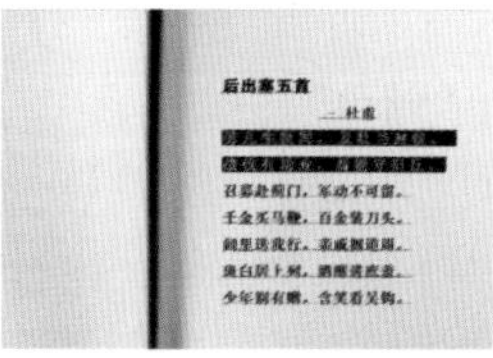
图7-64

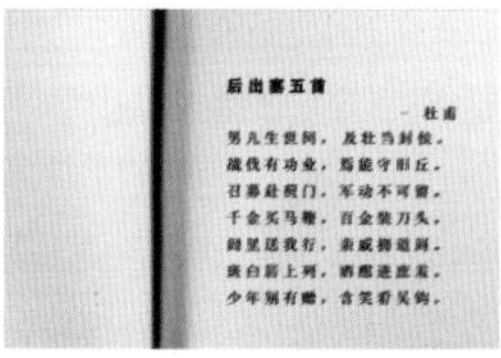
图7-65

● 设置所选字符的比例间距：在选择了字符的情况下，该选项用于调整所选字符之间的比例间距；在没有选择字符的情况下，该选项用于调整所有字符之间的比例间距。

● 垂直缩放/水平缩放：分别用于设置字符的高度和宽度。

● 设置基线偏移：用于设置文字与基线之间的距离，该选项的设置可以升高或降低所选文字。

● 特殊字符样式：特殊字符样式包括“仿粗体”、“仿斜体”、“上标”、“下标”等。

7.3.3 “段落”面板

“段落”面板提供了用于设置段落编排格式的所有选项。可以设置段落文本的对齐方式和缩进量等参数，如图7-66所示。

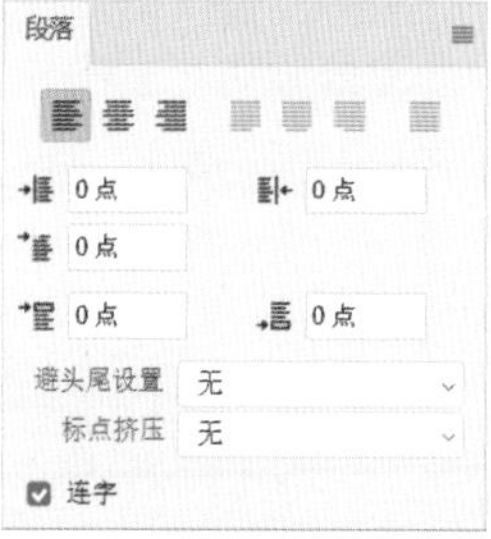

图7-66

“段落”面板选项介绍

● 左对齐文本：文字左对齐，段落右端参差不齐，如图7-67所示。

● 居中对齐文本：文字居中对齐，段落两端参差不齐，如图7-68所示。

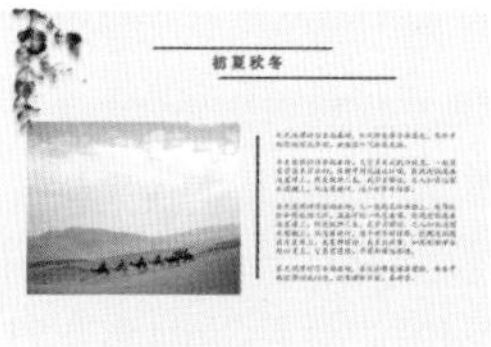
图7-67

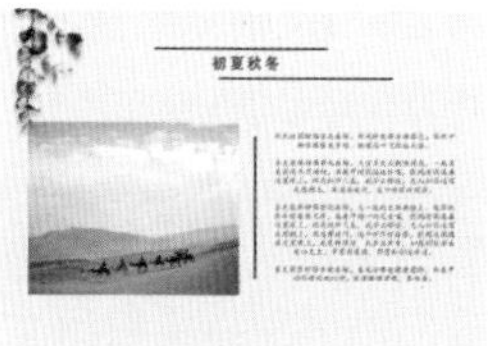
图7-68

● 右对齐文本：文字右对齐，段落左端参差不齐。

● 最后一行左对齐：最后一行左对齐，其他行左右两端强制对齐。

● 最后一行居中对齐：最后一行居中对齐，其他行左右两端强制对齐。

● 最后一行右对齐：最后一行右对齐，其他行左右两端强制对齐。

● 全部对齐：在字符间添加额外的间距，使文本左右两端强制对齐，如图7-69所示。

● 左缩进：用于设置段落文本向右（横排文字）或向下（直排文字）的缩进量，图7-70是设置左缩进为25点时的段落效果。

图7-69　　　　　　　图7-70

- 右缩进：用于设置段落文本向左（横排文字）或向上（直排文字）的缩进量。
- 首行缩进：用于设置段落文本中每个段落的第1行文字（横排文字）向右或第1列文字（直排文字）向下的缩进量，图7-71是首行缩进为25点时的段落效果。
- 段前添加空格：设置光标所在段落与前一个段落之间的距离，图7-72所示是段前添加空格为50点时的段落效果。

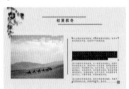

图7-71　　　　　　　图7-72

- 段后添加空格：设置当前段落与此外一个段落之间的距离。
- 避头尾法则设置：不能出现在一行的开头或结尾的字符称为避头尾字符，Photoshop提供了基于标准JIS的宽松和严格的避头尾集，宽松的避头尾设置忽略长元音字符和小平假名字符。选择"JIS宽松"或"JIS严格"选项时，可以防止在一行的开头或结尾出现不能使用的字母。
- 间距组合设置：间距组合是为日语字符、罗马字符、标点和特殊字符在行开头、行结尾和数字的间距指定日语文本编排。选择"间距组合1"选项，可以对标点使用半角间距；选择"间距组合2"选项，可以对行中除最后一个字符外的大多数字符使用全角间距；选择"间距组合3"选项，可以对行中的大多数字符和最后一个字符使用全角间距；选择"间距组合4"选项，可以对所有字符使用全角间距。
- 连字：勾选该复选框后，在输入英文单词时，如果段落文本框的宽度不够，英文单词将自动换行，并在单词之间用连字符连接起来。

课后习题

• 给素材添加半透明水印

实例位置	实例文件>CH07>给素材添加半透明水印.psd
素材位置	素材文件>CH07>素材05.jpg
技术掌握	文字水印设置方法

微课视频

本案例主要练习文字水印的设置方法，给图像素材添加透明水印，最终效果如图7-73所示。

（1）打开Photoshop，执行"文件>打开"菜单命令，在弹出的对话框中选择"素材文件>CH07>素材01.jpg"文件，效果如图7-74所示。

图7-73　　　　　　　图7-74

（2）按Ctrl+Shift+N组合键新建一个空白图层，选择矩形选框工具创建图7-75所示的矩形选区。

图7-75

（3）按Shift+F5组合键，打开"填充"对话框，选择内容属性中的"颜色"→"白色"，单击"确定"按钮，按Ctrl+D组合键取消选区，然后在"图层"面板将"图层1"的不透明度修改为50%，如图7-76所示。

（4）选择直排文字蒙版工具，在画布上单击鼠标，光标出现后，输入"禁止商用"文本，如图7-77所示。在选项栏中单击"对号"按钮确定后，文字将以图7-78所示的选区的形式出现。

图7-76

图7-77

图7-78

（5）按Delete键删除选区内容，然后按Ctrl+D组合键取消选区，效果如图7-79所示。

（6）储存文件时选择JPG格式，就可以对图像素材添加半透明水印。

图7-79

第**8**章 > 路径与矢量工具

本章导读

Photoshop 中的形状工具可以创建出很多种矢量形状，这些工具包含矩形工具、椭圆工具、三角工具、多边形工具、直线工具和自定形状工具。

本章学习要点

- 路径与矢量工具
- 编辑路径
- 形状工具

8.1 路径与矢量工具

8.1.1 登录按钮设计

实例位置	实例文件>CH08>登录按钮设计.psd
素材位置	素材文件>CH08>素材01.jpg
技术掌握	矩形工具的使用

微课视频

本案例主要使用矩形工具制作按钮，最终制作的按钮效果如图8-1所示。

操作步骤

（1）打开Photoshop，执行"文件>打开"菜单命令，在弹出的对话框中选择"素材文件>CH08>素材01.jpg"文件，如图8-2所示。

（2）选择矩形工具，在选项栏中选择"类型"为"形状"，填充颜色为橙色（R：220，G：98，B：56），如图8-3所示，然后在图像窗口中拖曳鼠标，创建宽高为4400像素×540像素的矩形，如图8-4所示。

图8-1

图8-2

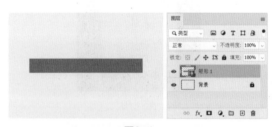

图8-3

图8-4

（3）选择横排文字工具，输入"登录"文字，如图8-5所示，得到一个简单的纯色背景按钮。

图8-5

（4）使用以上方法，在后期可以轻松设计出所需按钮，图8-6为登录按钮的简单应用。

（5）也可以给矩形添加一个圆角，让登录按钮变成图8-7所示的圆角矩形，还可以使用其他颜色填充形状，效果如图8-8所示。使用同样的设计思路，还可以设计出注册按钮、搜索栏、进度条等。

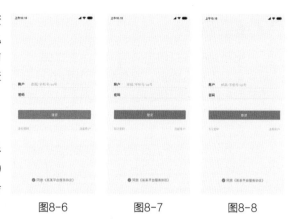

图8-6　　　　图8-7　　　　图8-8

8.1.2　了解绘图模式

Photoshop中的钢笔工具和形状工具有"形状""路径"和"像素"3种绘图模式，如图8-9所示。在绘图前，要在工具选项栏中选择一种绘图模式才能进行绘制。

图8-9

1. 形状

在选项栏中选择"形状"绘图模式，可以在单独的一个形状图层中创建形状图形，并且保留在"路径"面板中，如图8-10所示。路径可以转换为选区或创建矢量蒙版，当然也可以对其进行描边和填充。

图8-10

2. 路径

在选项栏中选择"路径"绘图模式，可以创建工作路径。工作路径不会出现在"图层"面板中，只出现在"路径"面板中，如图8-11所示。

图8-11

3. 像素

在选项栏中选择"像素"绘图模式，可以在当前图像上创建出栅格化的图像，如图8-12所示。这种绘图模式不能创建矢量图像，因此在"路径"面板中也不会出现路径。

图8-12

8.1.3　认识路径与锚点

路径和锚点是并列存在的，有路径就必然存在锚点，锚点又是为了调整路径而存在的。

1. 路径

路径是一种轮廓，它主要有以下5种用途。

（1）可以使用路径作为矢量蒙版来隐藏图层区域。

（2）将路径转换为选区。

（3）可以将路径保存在"路径"面板中，以备随时使用。

（4）可以使用颜色填充或描边路径。

（5）将图像导出到页面排版或矢量编辑程序时，将已存储的路径指定为剪贴路径，可以使图像的一部分变为透明。

路径可以使用钢笔工具和形状工具来绘制，绘制的路径可以是开放的、闭合的和组合的，分别如图8-13~图8-15所示。

图8-13

图8-14

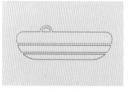

图8-15

路径是不能打印出来的，因为它是矢量对象，不包含像素，只有给路径描边或填充颜色后才能打印出来。

2. 锚点

路径由一个或多个直线段或曲线段组成，锚点标记路径段的端点。在曲线段上，每个选中的锚点显示一条或两条方向线，方向线以方向点结束，方向线和方向点的位置共同决定了曲线段的大小和形状，如图8-16所示。锚点分为平滑点和角点两种类型，由平滑点连接的路径段可以形成平滑的曲线，如图8-17所示；由角点连接起来的路径段可以形成直线或转折曲线，如图8-18所示。

图8-16

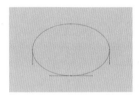

图8-17

图8-18

8.1.4 "路径"面板

执行"窗口>路径"菜单命令，打开"路径"面板，如图8-19所示，该面板的菜单如图8-20所示。

图8-19

图8-20

"路径"面板选项介绍

• 用前景色填充路径：有图8-21所示的素材（包含路径），单击该按钮，可以用前景色填充路径区域，效果如图8-22所示。

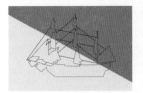

图8-21　　　　图8-22

• 用画笔描边路径：单击该按钮，可用设置好的画笔工具，如图8-23所示，对路径进行描边，效果如图8-24所示。

• 将路径作为选区载入：单击该按钮，可以将路径转换为选区，效果如图8-25所示。

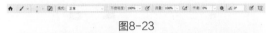

图8-23

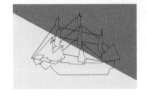

图8-24　　　　图8-25

• 从选区生成工作路径：如果当前文档中存在选区，如图8-26所示，则单击该按钮，可以将选区转换为工作路径，如图8-27所示。

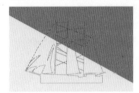

图8-26　　　　图8-27

• 添加蒙版：单击该按钮，可以从当前选定的路径生成蒙版。有图8-28所示的素材，按住Ctrl键，在"路径"面板中单击"添加蒙版"按钮，可用当前路径为"图层1"添加一个矢量蒙版，如图8-29所示，图像窗口效果如图8-30所示。

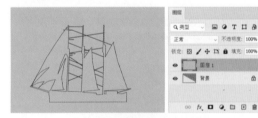

图8-28

图8-29

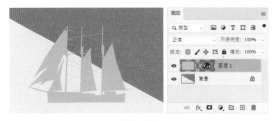

图8-30

● 创建新路径 🖿 ：单击该按钮，可以创建一个新的路径。

● 删除当前路径 🗑 ：将路径拖到该按钮上，可以将其删除。

8.1.5 绘制与运算路径

钢笔工具和形状工具可以创建多个子路径或子形状，在图8-31所示的工具选项栏中单击"路径操作"按钮 🖿 ，在弹出的图8-32所示的下拉菜单中选择一种运算方式，以确定子路径的重叠区域会产生什么样的交叉结果。

图8-31

下面通过两个形状图层来讲解路径的运算方法，图8-33是原有的帆船图形，图8-34是要添加到帆船图形上的长方形图形。

路径运算方式介绍

● 新建图层 🖿 ：选择该选项，可以新建形状图层，图层会以新的图层出现，如图8-35所示。

图8-32

● 合并形状 🖿 ：选择该选项，新绘制的图形将添加到原有的形状中，使两个形状合并为一个

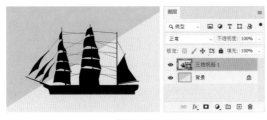

图8-33

图8-34

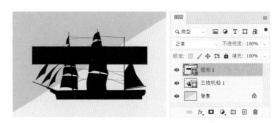

图8-35

形状，如图8-36所示。

● 减去顶层形状 ：选择该选项，可以从原有的形状中减去新绘制的形状，如图8-37所示。

图8-36

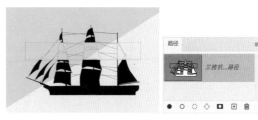

图8-37

● 与形状区域相交 ：选择该选项，可以得到新形状与原有形状的交叉区域，如图8-38所示。

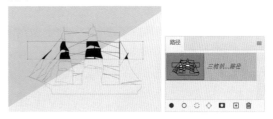

图8-38

● 排除重叠形状 🖿 ：选择该选项，可以得到新形状与原有形状重叠部分以外的区域，如图8-39所示。

● 合并形状组件 🖿 ：选择该选项，可以合并重叠的形状组件。

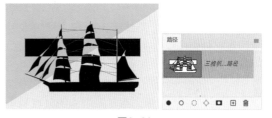

图8-39

8.2 编辑路径

路径绘制好以后，可以使用控制锚点的方法调整路径的形状。

8.2.1 课堂案例：利用钢笔工具抠出所需图像

实例位置	实例文件>CH08>利用钢笔工具抠出所需图像.psd
素材位置	素材文件>CH08>素材02.jpg、素材03.jpg
技术掌握	用钢笔工具抠出图像的方法

微课视频

本案例主要练习如何使用钢笔工具抠出图像，最终效果如图8-40所示。

图8-40

操作步骤

（1）打开"素材文件>CII08>素材02.jpg"文件，如图8-41所示。要求使用钢笔工具将素材中的纸杯抠出来，移动到新的背景图层上。

（2）选择钢笔工具，在选项栏中选择绘图模式为"路径"，如图8-42所示。

图8-41

图8-42

（3）按Ctrl++组合键放大图像，然后在要抠取纸杯轮廓任意位置单击，添加起始锚点，如图8-43所示。

（4）在第一个锚点附近按住鼠标左键添加第2个锚点并拖曳鼠标，此时新添加的锚点两端出现呈180°分布的两条方向线，通过拖曳鼠标

调整路径的弧度来创建与树叶轮廓吻合的曲线路径，确定好之后松开鼠标，效果如图8-44所示。

图8-43　　　　　　图8-44

（5）按住Alt键，将鼠标指针移动到第2个锚点上，等钢笔工具图标右下角出现倒立小v时，单击可删除该锚点远离路径的一条方向线，效果如图8-45所示，避免该方向线影响下一段路径弧度。

（6）如图8-46所示，用同样的方法创建第3个锚点，并删除远离路径的一条方向线。

图8-45　　　　　　图8-46

（7）执行同样的操作，依次创建其他锚点，如图8-47所示。

（8）重复该操作，直到起始锚点和最终锚点重合，得到一条闭合路径，如图8-48所示。添加最终锚点时，先按住Alt键，然后在起始锚点上拖曳鼠标，可调整该段路径的弧度。

图8-47　　　　　　图8-48

（9）按Ctrl+Enter组合键可将该闭合路径转换为图8-49所示的选区。

图8-49

（10）按Ctrl+J组合键复制一层选区内容，隐藏背景图层，纸杯就抠出来了，如图8-50所示。

（11）打开素材03.jpg文件，如图8-51所示。

（12）将抠出的纸杯移动到素材05.jpg上，

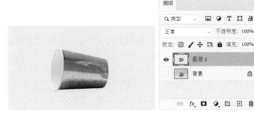

图8-50

并执行"编辑>自由变换"菜单命令调整它的大小，如图8-52所示。

图8-51

图8-52

（13）执行"图层>图层样式>投影"菜单命令，在弹出的"图层样式"对话框中设置参数如图8-53所示，单击"确定"按钮给纸杯创建投影，效果如图8-54所示。

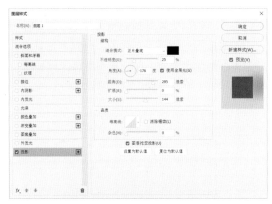

图8-53

图8-54

8.2.2 钢笔工具

Photoshop提供了图8-55所示的多种钢笔工具。标准钢笔工具可用于精确绘制直线段和曲线；自由钢笔工具可用于绘制路径，就像用铅

图8-55

笔在纸上绘图一样；使用内容感知描摹工具，可以自动执行图像描摹流程；弯度钢笔工具可以直观地绘制曲线和直线段。按Shift+P组合键可循环切换各种钢笔工具。

> **小提示**
>
> 如果您的钢笔工具中没有内容感知描摹工具，则可以在"首选项"对话框中选择"技术预览"选项，勾选"启用内容感知描摹工具"复选框，如图8-56所示，然后重新启动Photoshop即可添加内容感知描摹工具。

图8-56

钢笔工具是最基本、最常用的路径绘制工具，使用该工具可以绘制任意形状的直线或曲线路径，其选项栏如图8-57所示。

图8-57

钢笔工具选项栏介绍

● 绘图模式：包含"形状""路径"和"像素"3种，如图8-58所示，但是像素模式不能使用。

图8-58

● 建立：单击"选区"按钮，可以将当前路径转换为选区；单击"蒙版"按钮，可以基于当前路径为当前图层创建矢量蒙版；单击"形状"按钮，可以将当前路径转换为形状。

● 设置其他钢笔和路径选项 ⚙：单击该按钮，可以对路径的粗细和颜色进行设置，如图8-59所示。勾选"橡皮带"复选框，可以在移动鼠标指针时预览两次单击之间的路径段。

● 自动添加/删除：勾选该复选框可以在单击线段时添加锚点，或在单击锚点时删除锚点。

1. 绘制直线路径

使用标准钢笔工具可以绘制的最简单路径是

图8-59

直线路径，方法是选择钢笔工具，在需要创建直线路径的起点单击，定义第一个锚点（不要拖曳），这个锚点也叫起始锚点，如图8-60所示，再次单击可以创建第二个锚点，两个锚点之间会产生一条直线路径，如图8-61所示。另外，后添加的锚点总是显示为实心方块，表示已选中状态，而前面添加的锚点会变成空心方块，表示被取消选择。

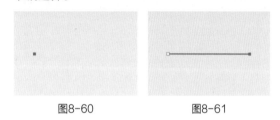

图8-60 　　　　　　图8-61

💡 小提示

　　单击第二个锚点之前，绘制的第一条直线路径不可见，只有创建了第二个锚点，才会出现直线路径。

　　如果希望直线路径结束，则按住Ctrl键在图像任意位置单击即可，效果如图8-62所示。继续单击可以创建由角点连接的直线组成的路径，如图8-63所示。

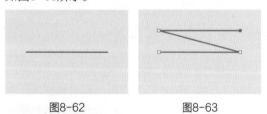

图8-62 　　　　　　图8-63

💡 小提示

　　要闭合路径，将钢笔工具移动到第一个（空心）锚点上，如果放置的位置是正确的，则钢

图8-64

笔工具指针旁会出现一个小圆圈，然后单击或拖曳鼠标就可以闭合路径，效果如图8-64所示。

2.绘制曲线路径

　　选择钢笔工具，将钢笔工具定位到曲线的起点，并按下鼠标左键拖曳，可以设置要创建曲线路径的斜度，然后松开鼠标左键，效果如图8-65所示。要创建C形曲线，将钢笔工具定位到希望曲线段结束的位置，向前一条方向线的相反方向拖曳，然后松开鼠标左键即可，效果如图8-66所示。要创建S形曲线，向与前一条方向线相同的方向拖曳，然后松开鼠标左键即可，效果如图8-67所示。

图8-65

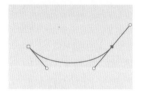 

图8-66 　　　　　　图8-67

　　希望直线路径结束，只需按住Ctrl键在图像任意位置单击即可，效果如图8-68所示。要闭合路径，将钢笔工具移动到第一个（空心）锚点上，如果放置的位置是正确的，则钢笔工具指针旁会出现一个小圆圈，然后单击或拖曳鼠标就可以闭合路径，效果如图8-69所示。

图8-68 　　　　　　图8-69

3.绘制与曲线连接的直线路径

　　选择钢笔工具，单击图8-70所示的两个位置创建直线路径，单击第二个锚点并拖曳显示它的方向线，如图8-71所示，将钢笔工具移至所需的下一个锚点位置，然后单击（在需要时还可拖曳）这个新锚点就可以创建图8-72所示的曲线路径。按住Ctrl键在图像任意位置单击可得到图8-73所示的路径。

图8-70 　　　　　　图8-71

图8-72　　　　　　　　图8-73

 小提示

如何高效使用钢笔工具？

配合Alt键，删掉影响曲线路径的方向线。

配合Ctrl键，结束路径的绘制。如果要结束正在创建的开口路径，则按住Ctrl键，然后在路径外任意地方单击即可。

8.2.3 自由钢笔工具

自由钢笔工具可用于随意绘图，就像用铅笔在纸上绘图一样，绘图时，无须确定锚点的位置，按下鼠标左键拖曳，软件将自动添加锚点，释放鼠标工作路径就创建完毕。要创建闭合路径，将鼠标拖曳到路径的初始点即可，图8-74为用自由钢笔工具创建的闭合路径。

图8-74

小提示

要控制最终路径对鼠标移动的灵敏度，可以单击选项栏中"设置其他钢笔和路径选项"按钮 ，然后为设置"曲线拟合"为0.5～10.0像素，如图8-75所示。此值越高，创建的路径锚点越少，路径越简单。

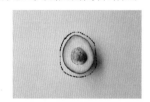

图8-75

图8-76为自由钢笔工具选项栏，勾选"磁性的"复选框后，自由钢笔工具会变为磁性钢笔工具，它和磁性套索工具的用法相类似，它可以绘制与图像中定义区域的边缘对齐的路径，如图8-77所示。

图8-76

图8-77

 小提示

磁性钢笔是自由钢笔工具的选项，可以定义对齐方式的范围和灵敏度，以及所绘路径的复杂程度。单击选项栏中的按钮 ，可以对"宽度""对比""频率"进行设置，如图8-78所示。对于"宽度"，请输入1～256的像素值，磁性钢笔工具只检测从指针开始指定距离以内的边缘；为"对比"输入1～100的百分比值，指定将该区域看作边缘所需的像素对比度，此值越大，图像的对比度越低；为"频率"输入0～100的值，指定钢笔工具设置锚点的密度，此值越大，路径锚点的密度越大。

图8-78

8.2.4 内容感知描摹工具

内容感知描摹工具在Photoshop 2020中作为技术预览引入，借助此工具，只需将鼠标指针悬停在图像边缘并单击即可创建矢量路径。使用时先选择内容感知描摹工具，将鼠标指针悬停在对象边缘上可将其高亮显示，如图8-79所示，单击鼠标即可为对象边缘创建图8-80所示的路径。

图8-81为内容感知描摹工具选项栏。描摹

图8-79

图8-80

图8-86

图8-87

图8-81

模式（"详细""正常"和"简化"）会在处理描摹之前调整图像的细节化或纹理化程度。拖曳"细节"滑块时，Photoshop会显示可看到的边缘预览，向右拖曳滑块会增加Photoshop检测的边缘量，向左拖曳滑块会减少检测到的边缘量，图8-82和图8-83分别是细节为10%和50%时显示的边缘。

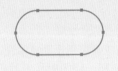

小提示

使用弯度钢笔工具创建路径时，如果希望路径的下一段变弯曲，则单击鼠标即可，如果希望路径的下一段变直线，则需要双击鼠标，图8-88就是使用弯度钢笔工具创建的路径。

图8-82

图8-83

图8-88

8.2.5 弯度钢笔工具

弯度钢笔工具可让用户以同样轻松的方式绘制平滑曲线和直线段。使用这个直观的工具，用户可以在设计中创建自定义形状，或定义精确的路径，以便毫不费力地优化图像。在执行该操作时，无需切换工具就能创建、切换、编辑、添加或删除平滑点或角点。

选择弯度钢笔工具，单击鼠标创建图8-84所示的第一个锚点，再次单击创建第二个锚点，完成路径的第一段，路径的第一段最初始终显示为画布上的一条直线，如图8-85所示。根据接下来绘制的是曲线段还是直线段，Photoshop稍后会对它进行相应的调整，如果绘制的下一段是曲线段，则Photoshop将自动调整第一段曲线与下一段曲线之间的弧度，让它们平滑地关联。图8-86就是在适当位置单击鼠标添加第三个锚点后，软件自动调整的路径效果，继续单击可得到图8-87所示的效果。

8.2.6 锚点简介（添加、删除、转换）

1. 在路径上添加锚点

使用添加锚点工具可以在路径上添加锚点。将鼠标指针放在图8-89所示的路径处（绿色圆圈内），当鼠标指针变成 形状时，在路径上单击即可添加一个锚点，如图8-90所示。添加锚点以后，可以使用直接选择工具对锚点进行调节，如图8-91所示。

图8-89

图8-84

图8-85

图8-90

图8-91

2. 删除路径上的锚点

使用删除锚点工具可以删除路径上的锚点。将鼠标指针放在图8-92所示的锚点处（绿色圆圈内），当鼠标指针变成 形状时，单击即可删除锚点，如图8-93所示。

| 图8-92 | 图8-93 |

路径上的锚点越多，这条路径就越复杂，而越复杂的路径就越难编辑，这时最好先使用删除锚点工具删除多余的锚点，降低路径的复杂程度后再对其进行相应的调整。

3. 转换路径上的锚点

转换点工具主要用来转换锚点的类型。将鼠标指针放在图8-94所示的平滑点处（绿色圆圈内），在平滑点上单击，即可将平滑点转换

图8-94

为角点，效果如图8-95所示；在角点上按住鼠标并拖曳可以将角点转换为平滑点，效果如图8-96所示。

| 图8-95 | 图8-96 |

8.2.7 路径选择工具

使用路径选择工具可以选择单条路径，也可以选择多条路径，它还可以用来组合、对齐和分布路径，如图8-97和图8-98所示，其选项栏如图8-99所示。

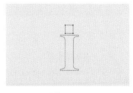

| 图8-97 | 图8-98 |

移动工具不能用来选择路径，只能用来选择图像，只有用路径选择工具才能选择路径。

8.2.8 直接选择工具

直接选择工具主要用来选择路径上的单个或

多个锚点，可以移动锚点、调整方向线，如图8-100和图8-101所示。直接选择工具的选项栏如图8-102所示。

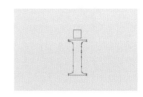

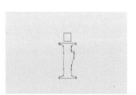

| 图8-100 | 图8-101 |

图8-102

8.2.9 变换路径

变换路径与变换图像的方法完全相同。在"路径"面板中选择路径，然后执行"编辑>自由变换路径"菜单命令或执行"编辑>变换路径"菜单下的命令即可对其进行相应的变换，如图8-103所示。图8-104所示的路径变换后如图8-105所示。

图8-103

图8-104   图8-105

8.2.10 将路径转换为选区

使用钢笔工具或形状工具绘制出路径以后，如图8-106所示，可以通过以下3种方法将路径转换为选区。

（1）直接按Ctrl+Enter组合键载入路径的选区，如图8-107所示。

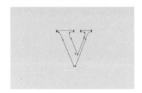   

图8-106   图8-107

（2）在路径上单击鼠标右键，在弹出的快捷菜单中选择"建立选区"命令，如图8-108所示。另外，也可以在选项栏中单击"选区"按钮 [选区...]。

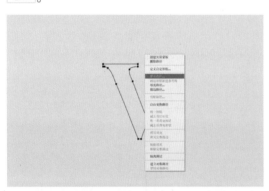

图8-108

（3）按住Ctrl键在"路径"面板中单击路径的缩略图，或单击"将路径作为选区载入"按钮 ○，如图8-109所示。

图8-109

8.3 形状工具

Photoshop中的形状工具可以创建出很多种矢量形状，这些工具包括矩形工具、椭圆工具、三角工具、多边形工具、直线工具和自定形状工具。

8.3.1 九宫格效果制作

实例位置	实例文件>CH08>九宫格效果制作.psd
素材位置	素材文件>CH08>素材04.jpg
技术掌握	圆角矩形工具和矢量蒙版的用法

微课视频

本案例主要练习使用矩形工具和矢量蒙版，将图像切成九宫格，效果如图8-110所示。

图8-110

▌操作步骤

（1）打开Photoshop，执行"文件>打开"菜单命令，在弹出的对话框中选择"素材文件>CH08>素材04"文件，效果如图8-111所示。

图8-111

（2）执行"视图>参考线>新建参考线面板"菜单命令，在弹出的对话框中设置参数如图8-112所示，单击"确定"按钮，得到图8-113

图8-112   图8-113

所示的效果。

（3）选择矩形工具，如图8-114所示，在选项栏中选择"类型"为"路径"，在图像窗口中拖曳鼠标，创建图8-115所示的路径。

（4）使用同样的方法，创建图8-116所示的剩余路径。

图8-114

图8-115　　　　　　图8-116

（5）执行"图层>矢量蒙版>当前路径"菜单命令，给图层添加一个矢量蒙版，隐藏路径以外的部分，效果如图8-117所示。

（6）执行"视图>参考线>清除画布参考线"菜单命令，取消图像中的参考线，得到图8-118所示的九宫格效果。

图8-117　　　　　　图8-118

8.3.2 矩形工具

使用矩形工具可以创建出正方形、矩形和圆角矩形，其使用方法与矩形选框工具类似。在绘制时，按住Shift键可以绘制出正方形；按住Alt键可以以鼠标单击点为中心绘制矩形；按住Shift+Alt组合键可以以鼠标单击点为中心绘制正方形。图8-119为矩形工具选项栏。

图8-119

矩形工具选项介绍

● 矩形选项 ⚙：单击该按钮，可以在弹出的下拉面板中设置矩形的创建方法，如图8-120所示。

● 不受约束：选中该单选按钮，可以绘制任意

图8-120

大小的矩形。

● 方形：选中该单选按钮，可以绘制任意大小的正方形。

● 固定大小：选中该单选按钮，可以在其右边的文本框中输入宽度（W）和高度（H）值，然后在图像中单击即可创建出矩形。

● 比例：选中该单选按钮，可以在其右边的文本框中输入宽度（W）和高度（H）比例，此后创建的矩形始终保持这个比例。

● 从中心：以任何方式创建矩形时，勾选该复选框，鼠标单击点即为矩形的中心。

● 圆角半径 ⌐ 0像素：设置创建的矩形圆角半径。默认半径为0，创建的矩形为直角矩形，当半径设置数值后，创建的矩形为圆角矩形，如图8-121所示。

图8-121

● 对齐边缘：勾选该复选框后，可以使矩形的边缘与像素的边缘重合，这样图形的边缘不会出现锯齿，反之则会出现锯齿。

举例：

在图8-122所示的背景中使用矩形工具创建一个App图标。选择矩形工具，在选项栏中选择"模式"为"形状"，设置"填充"颜色为R：50，G：180，B：200，圆角半径为200像素，如图8-123所示。

图8-122

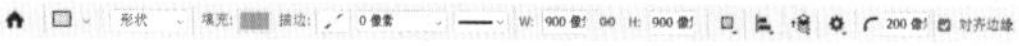

图8-123

打开素材后，在图像窗口中拖曳鼠标，创建长宽为900像素×900像素，圆角半径为200像素的圆角矩形，如图8-124所示。

选择矩形工具，在选项栏中选择"类型"为"形状"，设置"填充"颜色为R：85，G：200，B：220，圆角半径为0像素，如图8-125所示，在图像窗口中拖曳鼠标，创建长宽为1200像素×550像素的矩形（覆盖圆角矩形的上

半部分），图像窗口显示效果如图8-126所示。

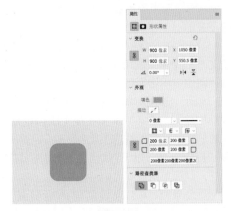

图8-124

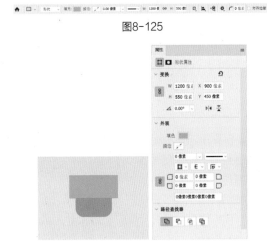

图8-125

图8-126

按Alt+Ctrl+G组合键，为"矩形1"图层添加剪贴蒙版，如图8-127所示。选择横排文字工具，输入数字，如图8-128所示，得到一个日历App图标。

图8-127

图8-128

8.3.3 椭圆工具

使用椭圆工具可以创建出椭圆和圆形，其选项栏如图8-129所示。要创建椭圆，拖曳鼠标进行创建即可；要创建圆形，可以按住Shift键或按Alt+Shift组合键（以鼠标单击点为中心）进行创建，其设置选项如图8-130所示。图8-131所示的头像圆就是用椭圆工具创建的。

图8-129

图8-130   图8-131

8.3.4 三角工具

使用三角工具可以创建图8-132所示的尖角三角形和圆角三角形，其选项栏如图8-133所示。图8-134所示的播放按钮中内圈的三角形就是用三角工具创建的。

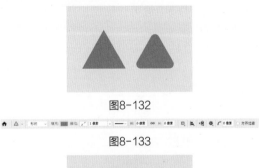

图8-132

图8-133

图8-134

8.3.5 多边形工具

使用多边形工具可以创建正多边形（最少为3条边）和星形，其选项栏如图8-135所示。其设置选项如图8-136所示。图8-137和图8-138所示的网店"收藏"图标就是用多边形工具创建的。

图8-135

图8-136　　　　　图8-138

图8-137

多边形工具选项介绍

● 边：设置多边形的边数，设置为3时，可以创建出正三角形；设置为5时，可以绘制出五边形。

在创建多边形时，可以在选项栏中设置好边数，然后在画布上拖曳鼠标即可得到相应边数的多边形；也可以在画布上单击，在弹出的"创建多边形"对话框中设置相应参数，如图8-139所示，然后单击"确定"按钮即可。

图8-139

● 多边形选项 ✿：单击该按钮，可以打开多边形选项面板，在该面板中可以设置多边形的半径，或将多边形创建为星形等。

● 半径：用于设置多边形或星形的"半径"。设置好"半径"数值后，在画布中拖曳鼠标即可创建出相应半径的多边形或星形。

● 平滑拐角：勾选该复选框，可以创建出具有平滑拐角效果的多边形或星形。

● 星形：勾选该复选框，可以创建星形，下面的"缩进边依据"选项主要用来设置星形边缘向中心缩进的百分比，数值越高，缩进量越大。

● 平滑缩进：勾选该复选框，可以使星形的每条边向中心平滑缩进。

8.3.6 直线工具

使用直线工具可以创建出直线和带有箭头的路径，其选项栏如图8-140所示。其设置选项如图8-141所示。图8-142所示的"产品尺寸"中的分割线就是使用直线工具创建的。

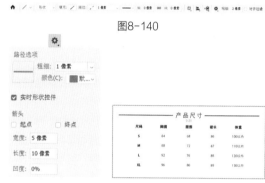

图8-140

图8-141　　　　　图8-142

直线工具选项介绍

● 粗细：设置直线或箭头线的粗细。

● 箭头选项 ✿：单击该按钮，可以打开箭头选项面板，在该面板中可以设置箭头的样式。

● 起点/终点：勾选"起点"复选框，可以在直线的起点添加箭头，如图8-143所示；勾选"终点"复选框，可以在直线的终点添加箭头，如图8-144所示；同时勾选"起点"和"终点"复选框，则可以在直线两头都添加箭头，如图8-145所示。

图8-143

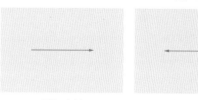

图8-144　　　　　图8-145

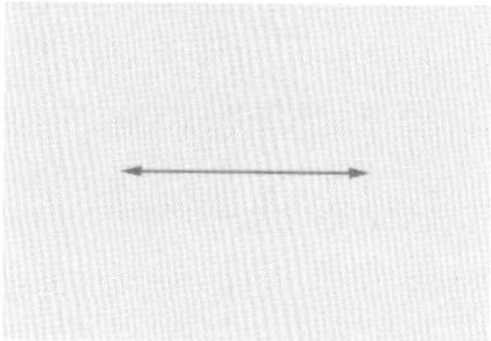

- 宽度：用来设置箭头宽度与直线宽度的百分比。
- 长度：用来设置箭头长度与直线宽度的百分比。
- 凹度：用来设置箭头的凹陷程度，范围为-50%~50%。值为0%时，箭头尾部平齐；值大于0%时，箭头尾部向内凹陷，如图8-146所示；值小于0%时，箭头尾部向外凸出，如图8-147所示。

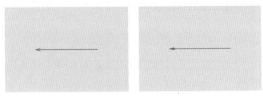

图8-146   图8-147

8.3.7 自定形状工具

使用自定形状工具可以创建出非常多的形状，其选项设置如图8-148所示。这些形状既可以是Photoshop的预设形状，也可以是自定义或加载的外部形状。图8-149所示的帆船就是使用自定形状工具创建的。

图8-148

图8-149

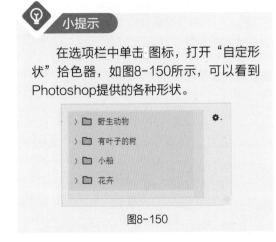

小提示

在选项栏中单击 图标，打开"自定形状"拾色器，如图8-150所示，可以看到Photoshop提供的各种形状。

图8-150

课后习题

● 制作App图标

实例位置	实例文件>CH08>制作App图标.psd
素材位置	素材文件>CH08>素材12.jpg
技术掌握	软件图标制作方法

微课视频

本案例主要练习使用圆角矩形工具制作App图标的方法，最终效果如图8-150所示。

（1）打开"素材文件>CH8>素材12.jpg"文件，如图8-151所示。

图8-150   图8-151

（2）选择圆角矩形工具，在选项栏中选择绘图模式为"形状"，设置"填充"颜色为蓝色（R：108，G：158，B：227），如图8-152所示。

图8-152

（3）在图像窗口中拖曳鼠标，创建长宽为900像素×900像素，圆角为200像素的圆角矩形，如图8-153所示。图像窗口显示效果如图8-154所示。

图8-153

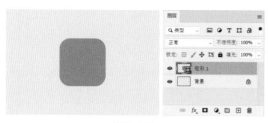

图8-154

（4）选择钢笔工具，在选项栏中选择绘图模式为"形状"，设置"填充"颜色为黄色（R：254，G：204，B：71），如图8-155所示。

图8-155

（5）在图像窗口依次单击鼠标左键，创建如图8-156所示的形状。

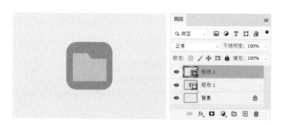

图8-156

（6）选择钢笔工具，在选项栏中选择绘图模式为"形状"，设置"填充"颜色为浅黄色（R：254，G：223，B：71），如图8-157所示。

图8-157

（7）在图像窗口依次单击鼠标左键，创建如图8-158所示的形状，即可得到一个日历文件图标。

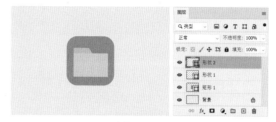

图8-158

（8）根据上面的方法，在移动UI界面的制作过程中可以轻松设计出所需的App图标，图8-159为文件图标的简单应用。

图8-159

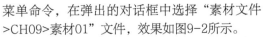

第9章 > 蒙版

本章导读

使用 Photoshop 处理图像时，常常需要隐藏一部分图像，使它们不显示出来，蒙版就是这样一种可以隐藏图像的工具。Photoshop 中，蒙版分为图层蒙版、剪贴蒙版、快速蒙版和矢量蒙版，这些蒙版都具有各自的功能。图层蒙版在一定程度上和橡皮擦的功能相似，它可以控制图层的显示程度，但是优于橡皮擦的地方在于，它可以擦除，也可以将已经擦除的内容恢复回来，并且蒙版上的操作对原图是无损的。剪贴蒙版是用下方某个轮廓较小图层的内容（形状）来遮挡它上方图层的内容，形成一种选择性遮挡。矢量蒙版可以任意放大或缩小，并且不会影响清晰度，它在后期的可调整性非常好。快速蒙版可以通过画笔涂抹来创建选区，而且画笔的灰度可以控制选区的不透明度。

本章学习要点

- 图层蒙版
- 剪贴蒙版

- 快速蒙版和矢量蒙版

9.1 图层蒙版

图层蒙版是非常重要的一种蒙版，也是实际工作中使用频率最高的工具之一，它可以用来隐藏、修饰、合成图像等。另外，在创建调整图层、填充图层、创成式填充，以及为智能对象添加智能滤镜时，Photoshop 会自动为图层添加一个图层蒙版，在添加的这个图层蒙版中可以对调色范围、填充范围、创成式填充范围以及滤镜应用区域进行调整。

9.1.1 课堂案例：双重曝光效果

实例位置	实例文件>CH09>双重曝光效果.psd
素材位置	素材文件>CH09>素材01.jpg、素材02.jpg
技术掌握	图层蒙版

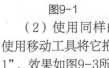
微课视频

本案例通过图层蒙版将两张素材处理成双重曝光的效果，最终效果如图9-1所示。

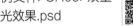
操作步骤

（1）打开Photoshop，执行"文件>打开"

菜单命令，在弹出的对话框中选择"素材文件>CH09>素材01"文件，效果如图9-2所示。

图9-1　　　　　　　图9-2

（2）使用同样的方法打开素材02.jpg，并使用移动工具将它拖到素材01.jpg中得到"图层1"，效果如图9-3所示。

图9-3

（3）按Ctrl+T组合键自由变换，调整"图层1"中图像的大小及位置，如图9-4所示，使其刚好覆盖素材01即可。

（4）执行"图层>图层蒙版>显示全部"菜单命令，为"图层1"添加一个白色图层蒙版，如图9-5所示。

图9-4

（5）选择渐变工具，设置由黑色到白色的渐变样式，如图9-6所示，然后从图像窗口右左上角拖曳鼠标到右下角，即可得到图9-7所示的效果。

图9-5

图9-6

图9-7

9.1.2 图层蒙版的工作原理

图层蒙版是将不同灰度数值转换为不同的透明度，并作用到它所在的图层，使图层不同部位的透明度产生相应的变化。可以将它理解为在当前图层上面覆盖了一层玻璃，这种玻璃有透明、半透明和不透明3种，前者显示全部图像，中间若隐若现，后者隐藏图像，在Photoshop中，图层蒙版遵循"黑透，白不透"的工作原理。

打开一个包含"糖果"和"背景"两个图层的素材，如图9-8所示，如果给"糖果"图层添加一个白色的图层蒙版，则图像窗口中将完全显示"糖果"图层的内容。

图9-8

如图9-9所示，给"糖果"图层添加一个黑色的图层蒙版，此时图像窗口中将完全隐藏"糖果"图层，只显示背景图层的内容。

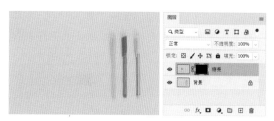

图9-9

如图9-10所示，给"糖果"图层添加一个灰色的图层蒙版（R：155，G：155，B：155），此时图像窗口中的"糖果"图层将以半透明的形式显示。

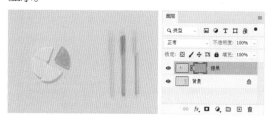

图9-10

💡 **小提示**

除了在图层蒙版中填充颜色以外，还可以在图层蒙版中填充渐变色；同样，也可以使用不同的画笔工具来编辑蒙版。此外，还可以在图层蒙版中应用各种滤镜效果。

如图9-11所示，给"糖果"图层添加一个由白色到黑色的图层蒙版，此时图像窗口中的"糖果"图层将以由实到虚的形式显示。

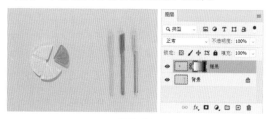

图9-11

9.1.3 创建图层蒙版

创建图层蒙版的方法有很多种，既可以直接在"图层"面板中进行创建，也可以从选区或图像中生成图层蒙版。

1. 在菜单栏中创建图层蒙版

选择要添加图层蒙版的图层，执行"图层>图层蒙版>显示全部/隐藏全部"菜单命令，可以为当前图层添加一个白色/黑色的图层蒙版，如图9-12、图9-13所示。

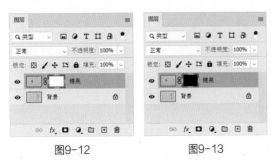

图9-12　　　　　　图9-13

2. 在"图层"面板中创建图层蒙版

选择要添加图层蒙版的图层，然后在"图层"面板底部单击"添加图层蒙版"按钮▢，如图9-14所示，可以为当前图层添加一个图层蒙版，如图9-15所示。

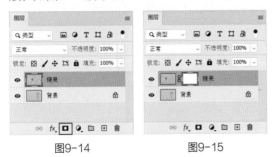

图9-14　　　　　　图9-15

3. 从选区生成图层蒙版

如果当前图像中存在选区，如图9-16所示，则单击"图层"面板底部的"添加图层蒙版"按钮▢，可以基于当前选区为图层添加图层蒙版，选区以外的图像将被蒙版隐藏，如图9-17所示。

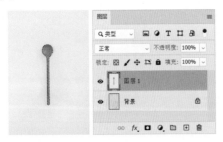

图9-16

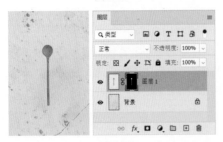

图9-17

创建选区蒙版以后，可以在"属性"面板中调整羽化数值，以模糊蒙版，制作出朦胧的效果，如图9-18和图9-19所示。

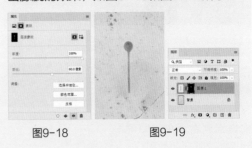

图9-18　　　　　　图9-19

9.1.4　应用图层蒙版

在图层蒙版缩略图上单击鼠标右键，在弹出的快捷菜单中选择"应用图层蒙版"命令，如图9-20所示，可以将蒙版应用到当前图层中，如图9-21所示。应用图层蒙版以后，蒙版效果将会应用到图像上，也就是说，蒙版中的黑色区域将被删除，白色区域将被保留下来，而灰色区域将呈透明效果。

图9-20　　　　　　图9-21

9.1.5　停用/启用/删除图层蒙版

在操作中，有时候需要暂时隐藏蒙版效果，这时可以停用蒙版，再次使用时又可以启用蒙版，当然也可以直接删除蒙版。

1. 停用图层蒙版

停用图层蒙版可以采用以下两种方法。

（1）执行"图层>图层蒙版>停用"菜单命令，或在图层蒙版缩略图上单击鼠标右键，在弹出的快捷菜单中选择"停用图层蒙版"命令，如图9-22和图9-23所示。停用蒙版后，在"属性"面板的缩览图和"图层"面板的蒙版缩略图中都会出现一个红叉"×"。

图9-22

图9-23

（2）选择图层蒙版，在"属性"面板底部单击"停用/启用蒙版"按钮 ◉，如图9-24所示。

2.重新启用图层蒙版

停用图层蒙版以后，要重新启用图层蒙版，可以采用以下3种方法。

（1）执行"图层>图层蒙版>启用"菜单命令，或在蒙版缩略图上单击鼠标右键，在弹出的快捷菜单中选择"启用图层蒙版"命令，如图9-25和图9-26所示。

图9-24

图9-25　　　　　　　图9-26

（2）在蒙版缩略图上单击，即可重新启用图层蒙版。

（3）选择蒙版，在"属性"面板底部单击"停用/启用蒙版"按钮 ◉。

3.删除图层蒙版

删除图层蒙版可以采用以下3种方法。

（1）执行"图层>图层蒙版>删除"菜单命令，或在蒙版缩略图上单击鼠标右键，在弹出的快捷菜单中选择"删除图层蒙版"命令，如图9-27和图9-28所示。

图9-27　　　　　　　图9-28

（2）将蒙版缩略图拖到"图层"面板底部的"删除图层"按钮 🗑 上，如图9-29所示，然后在弹出的对话框中单击"删除"按钮 🗑，如图9-30所示。

图9-29　　　　　　　图9-30

（3）选择蒙版，在"属性"面板中单击"删除蒙版"按钮 🗑。

9.1.6 转移/替换/拷贝图层蒙版

在操作中，有时候需要将某一个图层的蒙版用于其他图层上，这时可以通过操作将图层蒙版转移到目标图层上；也可以用一个图层蒙版替换另一个图层蒙版；还可以将一个图层蒙版拷贝到其他图层上。

1.转移图层蒙版

要将某个图层的蒙版转移到其他图层上，可以将蒙版缩略图拖到其他图层上，如图9-31和图9-32所示。

图9-31　　　　　　　图9-32

将图层蒙版
转移到其他图层
上,该图层不能
是被锁定的背景
图层,否则图层
蒙版不能转移,
如图9-33所示。
如果要转移到被
锁定的背景图层,
则需要先将背景图层解锁。

图9-33

2. 替换图层蒙版

如果要用一个图层的
蒙版替换另外一个图层的
蒙版,则将该图层的蒙版
缩略图拖到要替换掉的图
层的蒙版缩略图上,如图
9-34所示,然后在弹出的
对话框中单击"是"按钮,
如图9-35所示。替换图层

图9-34

蒙版以后,"图层1"的蒙版将被删除,同时"图
层0"的蒙版会被换成"图层1"的蒙版,如图
9-36所示。

图9-35   图9-36

3. 拷贝图层蒙版

要将一个图层的蒙版拷贝到另外一个图层
上,可以按住Alt键将蒙版缩略图拖到另外一个
图层上,如图9-37和图9-38所示。

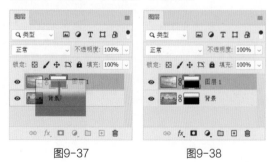
图9-37   图9-38

9.1.7 调整图层中的图层蒙版

为图像添加"调整图层"后,会发现每个调
整图层中都自带了一个图层蒙版,对图像调整
后,可以随时对这个图层蒙版进行无损、可逆的
编辑。比如对图9-39所示的素材执行"图层>新
建调整图层>色相/饱和度"菜单命令,添加一
个图9-40所示的"色相/饱和度"调整图层,在
"图层"面板可看到该图层自带一个白色的图层
蒙版。按图9-41调整色相参数后,得到图9-42
所示的效果,选择渐变工具给这个调整图层填充
由黑色到白色的渐变,得到图9-43所示的效果。

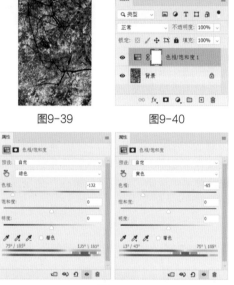
图9-39   图9-40

图9-41

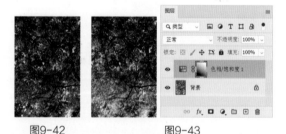
图9-42   图9-43

9.1.8 AI插件Firefly智能生成填充中的图层蒙版

通过AI插件智能填充的图像会在"图层"
面板生成一个带有图层蒙版的单独图层,可以随
时对这个图层蒙版进行无损、可逆的编辑。比如
对图9-44所示的素材裁剪、创建选区、智能扩
展后,得到图9-45所示的效果,在"图层"面
板可以看到生成了一个可以随时修饰的图层蒙
版,如图9-46所示。

图9-44

图9-45　　　　　图9-46

9.2 剪贴蒙版

剪贴蒙版技术非常重要，它可以用一个图层中的图像来控制处于上层图像的显示范围，并且可以针对多个图像。另外，可以为一个或多个调整图层创建剪贴蒙版，使其只对一个图层进行调整。

9.2.1 课堂案例：给手机壳换上想要的图像

实例位置	实例文件>CH09>给手机壳换上想要的图像.psd
素材位置	素材文件>CH09>素材03.psd、素材04.jpg~素材08.jpg
技术掌握	剪贴蒙版

微课视频

本案例通过剪贴蒙版给素材中的手机壳换上喜欢的背景，最终效果如图9-47所示。

操作步骤

（1）打开Photoshop，执行"文件>打开"菜单命令，在弹出的对话框中选择"素材文件>CH09>素材03.psd"文件，效果如图9-48所示。可以看到素材03是由背景图层和"图层1"两个图层组成的，隐藏背景图层，可以

图9-47

观察到"图层1"中的形状如图9-49所示。

图9-48

图9-49

（2）恢复背景图层的可见性后，选择"图层1"，执行"文件>打开"菜单命令，在弹出的对话框中选择"素材文件>CH09>素材04"文件，效果如图9-50所示，接着用移动工具将它拖到素材03.psd中得到"图层2"，效果如图9-51所示。

图9-50

图9-51

（3）按Ctrl+T组合键自由变换，调整"图层2"中图像的大小及位置，如图9-52所示。

图9-52

（4）执行"图层>创建剪贴蒙版"菜单命令，为"图层1"添加剪贴蒙版，效果如图9-53所示。

图9-53

（5）使用同样的方式，还可以得到图9-54～图9-57所示的其他效果图。

图9-54　　　　　图9-55

图9-56　　　　　图9-57

9.2.2 剪贴蒙版的工作原理

剪贴蒙版一般应用于文字、形状和图像之间的相互合成。剪贴蒙版由两个或多个图层构成，处于下方的图层被称为基底图层，用于控制其上方图层的显示区域，上方图层被称为内容图层。

图9-58所示的包括3个图层的图像素材，最

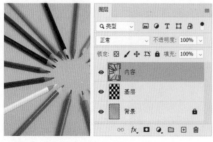

图9-58

下方是白色的背景图层，中间是图9-59所示的"基层"图层（灰色棋盘格表示透明），上方是图9-60所示的"内容"图层，下方的两个图层被上方的图层覆盖，所以图像窗口中只能看到"内容"图层。

图9-59　　　　　图9-60

对"内容"图层使用剪贴蒙版，得到图9-61所示的图像效果，可以看到"基底"图层的不透明区域将在剪贴蒙版中显示它上方图层的内容。图9-62为"图层"面板状态，可以看到剪贴蒙版中的"基底"图层名称带有下画线，"内容"图层的缩览图是缩进的，"基底"图层和"内容"图层叠加的图层将显示一个剪贴蒙版图标。

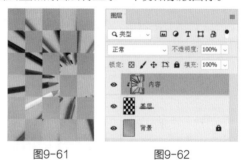

图9-61　　　　　图9-62

9.2.3 创建与释放剪贴蒙版

在操作中，需要使用剪贴蒙版时可以为图层创建剪贴蒙版，不需要时可以释放剪贴蒙版，释放剪贴蒙版后，原来的剪贴蒙版会变回一个正常的图层。

1. 创建剪贴蒙版

打开一个图像，如图9-63所示，这个图像包含3个图层，背景图层、"基层"图层和"内

图9-63

容"图层。下面就以这个图像来讲解创建剪贴蒙版的3种常用方法。"基层"图层中的内容如图9-64所示。

图9-64

（1）选择"内容"图层，然后执行"图层>创建剪贴蒙版"菜单命令或Alt+Ctrl+G组合键，将"内容"图层和"基层"图层创建为一个剪贴蒙版组，创建剪贴蒙版以后，"内容"图层只显示"基层"图层的区域，如图9-65所示。

图9-65

 小提示

剪贴蒙版虽然可以应用在多个图层中，但是这些图层不能是隔开的，必须是相邻的图层。

（2）在"内容"图层的名称上单击鼠标右键，在弹出的快捷菜单中选择"创建剪贴蒙版"命令，如图9-66所示，可将"内容"图层和"基层"图层创建为一个剪贴蒙版组，如图9-67所示。

图9-66　　　　　图9-67

（3）按住Alt键，然后将鼠标指针放在"内容"图层和"基层"图层之间的分隔线上，待鼠标指针变成￼形状时单击，如图9-68所示，这样也可以将"内容"图层和"基层"图层创建为一个剪贴蒙版组，如图9-69所示。

2.释放剪贴蒙版

创建剪贴蒙版以后，要释放剪贴蒙版可以采

图9-68

图9-69

用以下3种方法。

（1）选择"内容"图层，然后执行"图层>释放剪贴蒙版"菜单命令或按Alt+Ctrl+G组合键，即可释放剪贴蒙版，释放剪贴蒙版以后，"内容"图层不再受"基层"图层的控制，如图9-70所示。

图9-70

（2）在"内容"图层的名称上单击鼠标右键，在弹出的快捷菜单中选择"释放剪贴蒙版"命令，如图9-71所示。

图9-71

（3）按住Alt键，然后将鼠标指针放置在"内容"图层和"基层"图层之间的分隔线上，如图9-72所示，待鼠标指针变成￼形状时单击。

图9-72

9.2.4 编辑剪贴蒙版

剪贴蒙版作为图层，也具有图层的属性，可以对不透明度及混合模式进行调整。一个剪贴蒙版（见图9-73）最少包含两个图层，处于下面的图层为基底图层，如图9-74所示，位于其上面的图层统称为内容图层，如图9-75所示。

图9-73

图9-74

图9-75

1. 编辑基底图层

基底图层只有一个，它决定了位于其上面图像的显示范围。对基底图层进行移动、变换等操作，上面的图像也会随之受到影响，比如向右移动基底图层，效果如图9-76所示。

图9-76

当对基底图层的不透明度和混合模式进行调整时，整个剪贴蒙版组中的所有图层都会以设置的不透明度及混合模式混合，如图9-77所示。

图9-77

2. 编辑内容图层

内容图层可以是一个或多个。对内容图层的操作不会影响基底图层，但是对其进行移动、变换等操作时，其显示范围也会随之改变，比如放大内容图层，效果如图9-78所示。

图9-78

对内容图层的不透明度和混合模式进行调整，不会影响剪贴蒙版组中的其他图层，而只与基底图层混合，如图9-79所示。

图9-79

9.3 快速蒙版和矢量蒙版

9.3.1 课堂案例：景深效果制作

实例位置	实例文件>CH09>景深效果制作.psd	
素材位置	素材文件>CH09>素材09	微课视频
技术掌握	快速蒙版	

本案例通过快速蒙版，将素材处理成近实远虚的景深效果，最终效果如图9-80所示。

操作步骤

（1）打开Photoshop，执行"文件>打开"菜单命令，在弹出的对话框中选择"素材文件>CH09>素材09"文件，效果如图9-81所示。

图9-80   图9-81

（2）执行"选择>在快速蒙版模式下编辑"

菜单命令，给素材添加快速蒙版，如图9-82所示，背景图层有了显示添加了快速蒙版图层的颜色。

示，添加了快速蒙版的图层会带有颜色。

图9-82

图9-88

（3）选择画笔工具，灵活调整画笔的大小和软硬，在图像窗口绘制图9-83所示的效果，绘制完成后执行"选择>在快速蒙版模式下编辑"菜单命令，得到如图9-84所示的选区。

💡 **小提示**

单击工具箱中的"以快速蒙版模式编辑"按钮 ⬚ 也可以为图层添加快速蒙版，如图9-89所示。

图9-89

图9-83　　　　图9-84

（4）执行"选择>反选"菜单命令，得到图9-85所示的选区。

（5）执行"滤镜>模糊>高斯模糊"菜单命令，在弹出的"高斯模糊"对话框中进行图9-86所示的设置，单击"确定"按钮后，按Ctrl+D组合键取消选区，即可得到图9-87所示的效果。

3. 编辑快速蒙版

执行"选择>在快速蒙版模式下编辑"菜单命令，给素材添加快速蒙版，如图9-90所示，然后选择画笔工具，绘制图9-91所示的效果，绘制完成后执行"选择>在快速蒙版模式下编辑"菜单命令，即可给绘制区域添加选区，如图9-92所示。

图9-85

图9-90

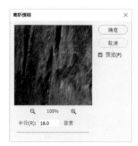 

图9-86　　　　图9-87

9.3.2 快速蒙版

1. 快速蒙版的工作原理

通过画笔来创建选区，快速蒙版本身用来暂时存储选区。

2. 创建快速蒙版

执行"选择>在快速蒙版模式下编辑"菜单命令即可给图层添加快速蒙版。如图9-88所

图9-91　　　　图9-92

在上下文任务栏中单击"创成式填充"按钮，并输入"草地"的英文"grass"，如图9-93

所示，接着在上下文任务栏中直接单击"生成"按钮。等生成的进度条的完成度为100%后，得到图9-94所示的效果。

图9-93

图9-94

💡 **小提示**

　　双击工具箱中的"以快速蒙版模式编辑"按钮▣，在弹出的"快速蒙版选项"对话框（见图9-95）中可以设置色彩指示的位置是被蒙版区域，还是所选区域，也可以设置画笔的颜色和不透明度。

图9-95

4. 快速蒙版中的画笔

　　给素材添加快速蒙版后，画笔颜色的深浅用来控制选区的不透明度，颜色越浅选区的不透明度越小，颜色越深选区的不透明度越大。

　　执行"选择>在快速蒙版模式下编辑"菜单命令，为图9-96所示的素材添加快速蒙版，然后选择画笔工具颜色设置为黑色（R：0、G：0、B：0），绘制图9-97所示的效果，绘制完成后执行"选择>在快速蒙版模式下编辑"设置菜单命令，给绘制区域添加图9-98所示的选区，执行"编辑>填充"菜单命令，选择黑色进行填充后，执行"选择>取消选择"命令，得到图9-99所示的效果。

图9-96

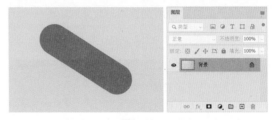

图9-97

图9-98　　　　　　图9-99

　　执行"选择>在快速蒙版模式下编辑"菜单命令，为同样的素材添加快速蒙版，然后选择画笔工具，设置颜色为灰色（R：120、G：120、B：120），绘制图9-100所示的效果，绘制完成后执行"选择>在快速蒙版模式下编辑"菜单命令，给绘制区域添加图9-101所示的选区，执行"编辑>填充"菜单命令，选择黑色进行填充后执行"选择>取消选择"菜单命令，得到图9-102所示的效果。

图9-100　　　　　　图9-101

图9-102

💡 **小提示**

　　在上面的例子中，使用不同深浅颜色的画笔，看起来创建的选区一模一样，但是选区的透明度是不同的，这个功能在利用AI插件Firefly智能生成像空中的云、海里的鱼、雾里的森林等素材时，选择灰色画笔生成的效果会更自然。

9.3.3 矢量蒙版

1. 矢量蒙版的工作原理

矢量蒙版是一种使用路径来控制目标图层显示与隐藏的蒙版，它可以任意放大或缩小，不会因放大或缩小影响清晰度。可以使用钢笔工具或形状工具等工具绘制路径而创建，并且可随时用路径工具修改形状。

2. 添加显示或隐藏整个图层的矢量蒙版

如图9-103所示的包含两个图层的素材，在"图层"面板先选择要添加矢量蒙版的"图层1"，如果要创建显示整个图层的矢量蒙版，则执行"图层>矢量蒙版>显示全部"菜单命令，效果如图9-104所示。如果要创建隐藏整个图层的矢量蒙版，则执行"图层>矢量蒙版>隐藏全部"菜单命令，效果如图9-105所示。

图9-103

图9-104

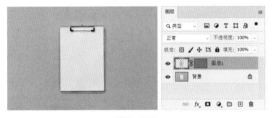

图9-105

3. 添加显示形状内容的矢量蒙版

对于图9-106所示的存在路径的图像，执行"图层>矢量蒙版>当前路径"菜单命令也可以添加矢量蒙版，如图9-107所示。

4. 编辑矢量蒙版

在"图层"面板中选择包含要编辑的矢量蒙版的图层。单击"属性"面板中的"矢量蒙版"按钮，或单击"路径"面板中的缩览图。然后使用形状工具、钢笔工具或直接选择工具更改形状。

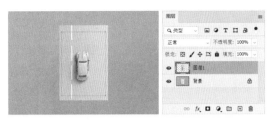

图9-106

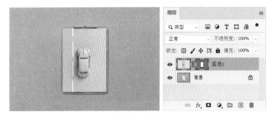

图9-107

图9-108所示的图像含有"图层1"和背景图层两个图层，选择矩形工具，在选项栏中选择"路径"和"合并形状"，如图9-109所示。在图像窗口中创建图9-110所示的路径。

图9-108

图9-109

执行"图层>矢量蒙版>当前路径"菜单命令，为"图层1"添加矢量蒙版，如图9-111所示，矢量蒙版中的灰色表示当前图层完全变透明，矢量蒙版中的白色表示当前图层透明度不发生改变。

图9-110

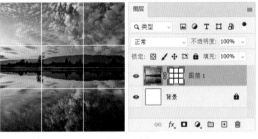

图9-111

在工具箱中选择路径工具，可随时修改矢量蒙版，图9-112是修改完圆角半径后的效果。

图9-112

5.更改矢量蒙版不透明度或羽化蒙版边缘

在"图层"面板中选择包含矢量蒙版的图层，如图9-113所示。在"属性"面板中单击"矢量蒙版"按钮，拖曳"浓度"滑块调整蒙版的不透明度，或拖曳"羽化"滑块羽化蒙版的边缘，如图9-114所示，效果如图9-115所示。

图9-113

图9-114　　　　　图9-115

6.删除矢量蒙版

删除矢量蒙版可以采用以下两种方法。在矢量蒙版缩略图上单击鼠标右键，在弹出的快捷菜单中选择"删除矢量蒙版"命令，如图9-116所示，或者单击"属性"面板右下角的"删除蒙版"按钮，如图9-117所示。

7.停用或启用矢量蒙版

停用矢量蒙版可以采用以下两种方法。

图9-116　　　　　图9-117

（1）执行"图层>矢量蒙版>停用"菜单命令，或在矢量蒙版缩略图上单击鼠标右键，在弹出的快捷菜单中选择"停用矢量蒙版"命令，如图9-118所示。停用蒙版后，"图层"面板的蒙版缩略图中都会出现一个红色的叉×，如图9-119所示。

图9-118　　　　　图9-119

（2）选择矢量蒙版，然后单击"属性"面板右下角的"停用/启用蒙版"按钮●，如图9-120所示。

图9-120

要启用矢量蒙版，单击"属性"面板中的"停用/启用蒙版"按钮●，或执行"图层>矢量蒙版>启用"菜单命令即可。

8.将矢量蒙版转换为图层蒙版

要将矢量蒙版转换为图层蒙版，执行"图层>栅格化>矢量蒙版"菜单命令，或在矢量蒙版缩略图上单击鼠标右键，在弹出的快捷菜单中选择"栅格化矢量蒙版"命令，如图9-121和图9-122所示。

图9-121　　　　　　图9-122

将矢量蒙版栅格化后，将无法再将其更改回矢量对象。

课后习题

• 用剪贴蒙版创建拼贴海报

实例位置	实例文件>CH09>操作练习：用剪贴蒙版创建拼贴海报.psd
素材位置	素材文件>CH09>素材12.psd
技术掌握	剪贴蒙版的使用

微课视频

这个案例要求利用剪贴蒙版将素材图像创建为拼贴海报效果，最终效果如图9-123所示。

（1）打开Photoshop，执行"文件>打开"菜单命令，在弹出的对话框中选择"素材文件>CH10>素材12.psd"文件，如图9-124所示，该素材包含

图9-123

图9-124

两个图层。

（2）按Ctrl+Shift+N组合键新建一个空白图层，并重命名为"白底"，如图9-125所示。

（3）选择矩形选框工具，创建图9-126所示的选区，按Shift+F5组合键打开填充命令窗口，为该选区填充白色，然后按Ctrl+D组合键取消选区，效果如图9-127所示。

图9-125

图9-126　　　　图9-127

（4）执行"图层>图层样式>投影"菜单命令，设置参数如图9-128所示，给"白底"图层添加图9-129所示的投影。

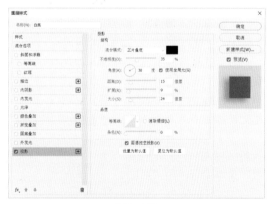

图9-128

图9-129

（5）按Ctrl+Shift+N组合键新建一个空白图层，并重命名为"黑底"，如图9-130所示。

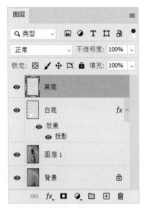

图9-130

（6）选择矩形选框工具，创建图9-131所示较小的选区，按Shift+F5组合键打开填充命令窗口，为该选区填充黑色，然后按Ctrl+D组合键取消选区，效果如图9-132所示。

图9-131　　　　图9-132

（7）选择移动工具，在"图层"面板将"图层1"移动到"黑底"图层之上，如图9-133所示。

（8）选择"图层1"，执行"图层>创建剪贴蒙版"菜单命令，为"图层1"添加剪贴蒙版，效果如图9-134所示。

图9-133

图9-134

（9）按住Ctrl键，同时选择"黑底"和"白底"两个图层，如图9-135所示，然后按Ctrl+T组合键对这两个图层中图像的位置和方向进行调整，如图9-136所示，切勿调整它们的大小。

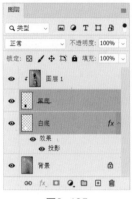

图9-135　　　　图9-136

（10）按住Ctrl键，同时选择"图层1""黑底"和"白底3"个图层，按Ctrl+G组合键将这3个图层编组为"组1"，如图9-137所示。

（11）选择刚才创建的"组1"，然后按Ctrl+J组合键复制"组1"，得到图9-138所示的"组1拷贝"。

图9-137　　　　图9-138

（12）打开"组1拷贝"，按住Ctrl键，同时选择"黑底"和"白底"两个图层，如图9-139所示，然后按Ctrl+T组合键对这两个图层中图像的位置和方向进行调整，如图9-140所示。

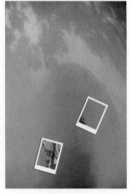

图9-139　　　　图9-140

（13）按Ctrl+J组合键复制"组1拷贝"，得到"组1拷贝2"。打开"组1拷贝2"，按住Ctrl键，同时选择"黑底"和"白底"两个图层，按Ctrl+T组合键对这两个图层中图像的位置和方向进行调整，效果如图9-141所示。

图9-141

（14）重复上一步很多次，如图9-142所示，该案例复制了"组1" 23次。

图9-142

（15）此时图像窗口效果如图9-143所示。

图9-143

第10章 通道

本章导读

通道作为图像的组成部分，它和图像的格式密不可分，不同的图像色彩和格式决定了通道的数量与模式，这些在"通道"面板中可以直观地看到。通过通道可建立精确的选区，多用于抠图和调色。

本章学习要点

● 通道的基本操作

● 通道的高级操作

10.1 通道的基本操作

10.1.1 课堂案例：利用通道调整图像的颜色

实例位置	实例文件>CH10>利用通道调整图像的颜色.psd
素材位置	素材文件>CH10>素材01.jpg
技术掌握	通道调色

微课视频

本案例通过"通道"对图像进行调色，要求增加素材中的红色，最终效果如图10-1所示。

操作步骤

（1）打开Photoshop，执行"文件>打开"菜单命令，在弹出的对话框中选择"素材文件>CH10>素材01.jpg"文件，如图10-2所示。

（2）执行"图层>新建调整图层>曲线"菜单命令，打开"曲线"属性面板，如图10-3所示。

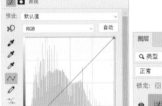

图10-3

（3）选择"红"通道，然后调整曲线，增加图像中的红色，减少图像中的青色，如图10-4所示；选择"绿"通道，然后调整曲线，减少图像中的绿色，增加图像中的洋红色，如图10-5所示；选择"蓝"通道，然后调整曲线，减少图像中的蓝色，增加图像中的黄色，如图10-6所示，即可增加素材中的偏红色调，效果如图10-7所示。

图10-1 图10-2

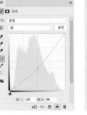

图10-4 图10-5 图10-6

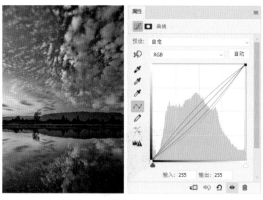

图10-7

10.1.2 通道的类型

Photoshop中有3种不同的通道，分别是颜色通道、Alpha通道和专色通道，它们的功能各不相同。

1. 颜色通道

打开一张图像素材的"通道"面板，默认显示的通道称为颜色通道。这些通道的名称与图像本身的颜色模式对应，常用的两种颜色模式一种是RGB颜色模式，对应的通道名称为红、绿和蓝，如图10-8所示。另一种是CMYK颜色模式，对应的通道名称为青色、洋红、黄色和黑色，如图10-9所示。

图10-8

图10-9

通道是用来存储构成图像信息的灰度图像（黑白灰）。以RGB颜色模式为例，通道中白色表示含有该颜色的像素，越白表示含有的像素越多，越黑表示含有的像素越少。下面分析图10-10所示素材的红、绿、蓝3个通道，来说明通道的原理。

在"通道"面板中单击红通道的缩览图，

"通道"面板只会选择红通道，得到图10-11所示的灰度图像。原图像中最左边的三分之一图像从深红一直延伸到浅红，这三分之一都偏向红色，所以在红通道的灰度图像里，这一块全是白色。其他两块区域中因为原图上侧有一部分白色，而白色是由红、绿、蓝组成的，所以这两块区域中不同程度的红色显示不同级别的灰色。

图10-10

在"通道"面板中单击绿通道的缩览图，"通道"面板只会选择绿通道，得到图10-12所示的灰度图像。原图像中位于中间的三分之一图像从深绿一直延伸到浅绿，这三分之一都偏向绿色，所以在绿通道的灰度图像里，这一块全是白色。其他两块区域中因为原图上侧有一部分白色，而白色是由红、绿、蓝组成的，所以这两块区域中不同程度的绿色显示不同级别的灰色。

图10-11

图10-12

在"通道"面板中单击蓝通道的缩览图，"通道"面板只会选择蓝通道，得到图10-13所示的灰度图像。原图像中最右侧的三分之一图像从深蓝一直延伸到浅蓝，这三分之一都偏向蓝色，所以在蓝通道的灰度图像里，这一块全是白色。其他两块区域中因为原图上侧有一部分白色，而白色是由红、绿、蓝组成的，所以这两块区域中不同程度的蓝色显示不同级别的灰色。

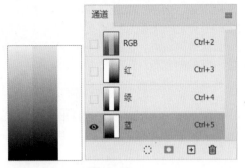

图10-13

2. Alpha通道

在认识Alpha通道之前先打开一张图像，该图像包含一个图10-14所示的选区。下面就以这张图像来讲解Alpha通道的主要功能。

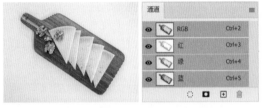

图10-14

功能1：单击"通道"面板底部的"将选区存储为通道"按钮 ▣，可以创建一个Alpha1通道，同时选区会存储到通道中，这就是Alpha通道的第1个功能，即存储选区，如图10-15所示。

图10-15

功能2：单击Alpha1通道，将其单独选中，此时文档窗口中显示图10-16所示的黑白图像，这是Alpha通道的第2个功能，即存储黑白图像，其中黑色区域表示不能被选择的区域，白色区域表示可以选择的区域（如果有灰色区域，则

图10-16

表示可以被部分选中）。

功能3：单击在"通道"面板底部的"将通道作为选区载入"按钮 ⊙ 或按住Ctrl键并单击Alpha1通道的缩略图，可以载入Alpha1通道的选区，这就是Alpha通道第3个功能，即可以从Alpha通道中载入选区，如图10-17所示。

图10-17

3. 专色通道

专色通道主要用来指定用于专色油墨印刷的附加印版。它可以保存专色信息，同时也具有Alpha通道的特点。每个专色通道只能存储一种专色信息，而且是以灰度形式来存储的。专色通道的名称通常是所使用的油墨颜色的名称。

 小提示

除了位图模式以外，其余所有的颜色模式图像都可以建立专色通道。

10.1.3 "通道"面板

在Photoshop中，要对通道进行操作，就必须使用"通道"面板，执行"窗口>通道"菜单命令，即可打开"通道"面板。"通道"面板会根据图像文件颜色模式显示通道数量，图10-18为素材文件，图10-19~图10-21分别为RGB颜色模式、CMYK颜色模式、Lab颜色模式下的"通道"面板。

图10-18　　　　　　　图10-19

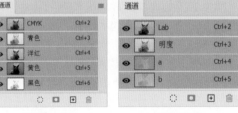

图10-20　　　　　　　图10-21

在"通道"面板中单击即可选中一个通道，选中的通道会以高亮的方式显示，这时可以对该通道进行编辑，也可以按住Shift键单击选中多个通道。

"通道"面板选项介绍

● 将通道作为选区载入 ○：单击该按钮，可以将通道中的图像载入选区，按住Ctrl键单击通道缩览图也可以将通道中的图像载入选区。

● 将选区存储为通道 □：如果图像中有选区，则单击该按钮，可以将选区中的内容存储到自动创建的Alpha通道中。

● 创建新通道 回：单击该按钮，可以新建一个Alpha通道。

● 删除当前通道 🗑：将通道拖到该按钮上，可以删除选择的通道。

10.1.4 新建Alpha通道

在Photoshop默认状态下是没有Alpha通道和专色通道的，要得到这两个通道需要手动操作，下面介绍新建这两个通道的方法。

要新建Alpha通道，可以单击"通道"面板底部的"创建新通道"按钮 回，如图10-22和图10-23所示。

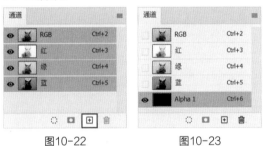

图10-22　　　　图10-23

10.1.5 新建专色通道

要新建专色通道，可以在"通道"面板的菜单中选择"新建专色通道"命令，如图10-24所示，在出现的选项卡中确定名称和油墨颜色后按"确定"键，即可得到一个专色通道，如图10-25所示。

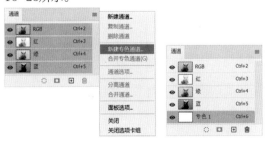

图10-24　　　　　图10-25

10.1.6 快速选择通道

在"通道"面板中可以选择某个通道单独进行操作，也可以隐藏/显示、删除、拷贝、合并已有的通道，或对其位置进行调换等操作。

"通道"面板中的每个通道后面有对应的Ctrl+数字，例如，在图10-26中，绿通道后面有Ctrl+4，这表示按Ctrl+4组合键可以单独选择绿通道，如图10-27所示。同理，按Ctrl+3组合键可以单独选择红通道，按Ctrl+5组合键可以单独选择蓝通道。

图10-26　　　　　图10-27

10.1.7 复制与删除通道

拷贝通道可以采用以下3种方法（注意，不能拷贝复合通道）。

（1）在面板菜单中选择"复制通道"命令，如图10-28所示，即可拷贝当前通道，如图10-29所示。

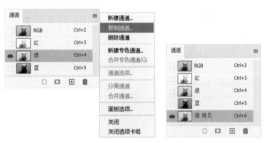

图10-28　　　　　图10-29

（2）在通道上单击鼠标右键，在弹出的快捷菜单中选择"复制通道"命令，如图10-30所示。

（3）直接将通道拖到"创建新通道"按钮 回 上，如图10-31所示。

图10-30　　　　　图10-31

10.2 通道的高级操作

10.2.1 课堂案例：制作故障艺术效果

实例位置	实例文件>CH10>制作故障艺术效果.psd
素材位置	素材文件>CH10>素材02.jpg
技术掌握	通道的使用

微课视频

本案例练习通道的使用，最终效果如图10-32所示。

操作步骤

（1）打开Photoshop，执行"文件>打开"菜单命令，在弹出的对话框中选择"素材文件>CH10>素材02.jpg"文件，效果如图10-33所示。

图10-32　　　　图10-33

（2）按Ctrl+J组合键拷贝背景图层（得到"图层1"），并设置图层样式，如图10-34所示，通道只保留红通道，隐藏背景图层后的效果如图10-35所示。

（3）按Ctrl+J组合键拷贝"图层1"（得到"图层1拷贝"），并设置图层样式，如图10-36所示，通道只保留蓝通道和绿通道，隐藏背景图层和"图层1"后的效果如图10-37所示。

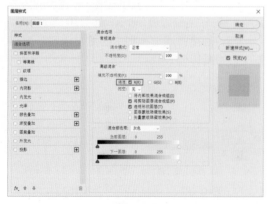

图10-34

图10-35

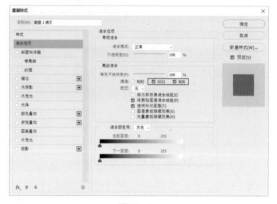

图10-36

图10-37

（4）显示背景图层和"图层1"，然后将"图层1"的图像向左移动，效果如图10-38所示。

图10-38

（5）将"图层1拷贝"的图像向右移动，效果如图10-39所示。

（6）在"图层"面板选择"图层1"，然后执行"滤镜>风格化>风"菜单命令，在弹出的

图10-39

图10-43

"风"对话框中进行图10-40所示的设置，单击"确定"按钮后效果如图10-41所示。对"图层1拷贝"添加同样的"风"滤镜，效果如图10-42所示。

图10-40

按Ctrl+M组合键打开"曲线"对话框，单独选择红通道，将曲线向上拉，增加图像中的红色数量，如图10-44所示；将曲线向下拉，减少图像中的红色（增加青色），如图10-45所示。

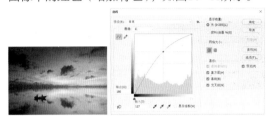

图10-44

图10-41

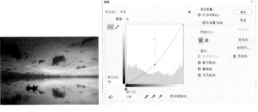

图10-45

单独选择绿通道，将曲线向上拉，增加图像中的绿色数量，如图10-46所示；将曲线向下拉，减少图像中的绿色（增加洋红色），如图10-47所示。

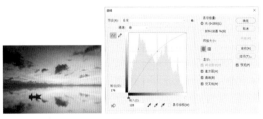

图10-46

图10-42

10.2.2 用通道调色

通道调色是一种高级调色技术。可以对一张图像的单个通道应用各种调色命令，从而达到调整图像中单种色调的目的。下面用"曲线"命令来说明如何用通道进行调色。

以图10-43所示的图像为例来说明通道调色原理。

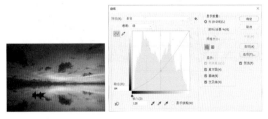

图10-47

单独选择蓝通道，将曲线向上拉，增加图像中的蓝色数量，如图10-48所示；将曲线向下拉，减少图像中的蓝色（增加黄色），如图10-49所示。

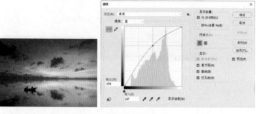

图10-48

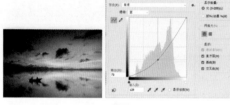

图10-49

10.2.3 用通道抠图

使用通道抠取图像是一种非常常见的抠图方法，常用于抠取毛发、云朵、烟雾及半透明的布料等。在用通道抠图时，需要明白通道中黑色表示隐藏，白色表示显现，不同的灰色表示不同程度的透明度。通道抠图主要是利用图像的色相差别或明度差别来创建选区，在操作过程中可以多次重复使用"亮度/对比度""曲线"和"色阶"等调整命令，以及画笔、加深和减淡等工具对通道进行调整，以得到最精确的选区，最后复制选区内容即可。

在图10-50所示的素材中，观察各通道，复制黑白对比度较大的那个，利用色阶和画笔加深复制通道的黑白对比度，按住Ctrl键，单击复制通道缩览图载入选区，紧接着恢复RGB通道的可见性，复制通道即可抠出所需图像，换到新的背景可以得到图10-51所示的效果。

图10-50

图10-51

课后习题

• 较复杂图像的抠图

实例位置	实例文件>CH10>操作练习：复杂图像的抠图.psd
素材位置	素材文件>CH10>素材04.jpg、素材05.jpg
技术掌握	通道的使用

微课视频

要求将图像中的草地和树木抠取出来，移动到新的背景上，最终效果如图10-52所示。

（1）打开Photoshop，执行"文件>打开"菜单命令，在弹出的对话框中选择"素材文件>CH10>素材04.jpg"文件，打开图10-53所示的素材。

图10-52   图10-53

（2）在"通道"面板分别选择红、绿、蓝通道，如图10-54~图10-56所示，观察所要抠取主体的黑白对比度。

图10-54

图10-55

图10-56

（3）通过观察发现，蓝通道背景与图像的黑白对比度最大，所以在蓝通道上单击鼠标右键，选择"复制通道"命令，将蓝通道复制一层得到图10-57所示的"蓝拷贝"通道。

图10-57

（4）执行"图像>调整>色阶"菜单命令打开"色阶"对话框，如图10-58所示，调整直方图下方的暗部与亮部滑块，加深图像的黑白对比度，加深程度为不影响图像细节，又让图像与背景黑白分明为最佳，效果如图10-59所示。

（5）选择画笔工具，用黑色将图像下半部分的草地和树木全部涂黑，效果如图10-60所示。

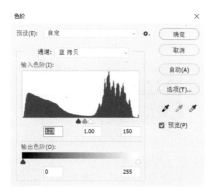

图10-58

图10-59　　　　　图10-60

（6）按住Ctrl键，单击"蓝拷贝"通道缩览图，载入图10-61所示图像中白色部分的选区，因为需要抠出的区域是图像中黑色的部分，所以按Ctrl+Shift+I组合键反选选区，效果如图10-62。

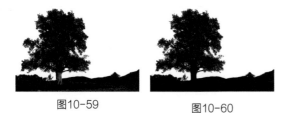

图10-61　　　　　图10-62

（7）在"通道"面板单击RGB通道，恢复它的可见性，如图10-63所示，可以看到图像窗

口中草地、树木和房子的选区已经创建出来了，如图10-64所示。

图10-63　　　　　图10-64

（8）按Ctrl+J组合键将选区内容复制一层，可抠出需要图像，隐藏背景图层可看到抠出来的图像，如图10-65所示。

图10-65

（9）选择移动工具，将抠出的图层直接拖曳到素材05.jpg中，并调整它的大小，得到图10-66所示的效果。

图10-66

第11章 滤镜

滤镜是 Photoshop 最重要的功能之一，是为了点缀和艺术化图像画面，对图像添加的各种特殊效果。滤镜的功能非常强大，不仅可以调整照片，而且可以创作出绚丽无比的创意图像。

本章学习要点

● 认识滤镜与滤镜库 　　　　　　　　　● 特殊滤镜的应用

11.1 认识滤镜与滤镜库

Photoshop中的滤镜可以分为特殊滤镜、滤镜组和外挂滤镜。Photoshop提供了很多滤镜，这些滤镜都放在"滤镜"菜单中，同时，Photoshop还支持第三方开发商提供的增效工具，这些增效工具滤镜安装后会出现在"滤镜"菜单底部，其使用方法与Photoshop自带滤镜相同。

11.1.1 课堂案例：将普通图像制作成油画效果

实例位置	实例文件>CH11>将普通图像制作成油画效果.psd
素材位置	素材文件>CH11>素材01.jpg
技术掌握	"油画"滤镜

微课视频

本案例主要学习利用"油画"滤镜制作油画效果的方法，最终效果如图11-1所示。

图11-1

（1）打开"素材文件>CH11>素材01.jpg"文件，如图11-2所示。

图11-2

（2）为了增强边缘线条感，执行"滤镜>滤镜库"菜单命令，打开"滤镜库"对话框，如图11-3所示，选择"海报边缘"滤镜，将"海报化"设置为6，单击"确定"按钮，效果如图11-4所示。

图11-3

图11-4

（3）执行"滤镜>风格化>油画"菜单命令，打开"油画"对话框，如图11-5所示，设置"描边样式""描边清洁度""缩放""硬毛刷细节"及"闪亮"参数，单击"确定"按钮，效果如图11-6所示。

图11-5

图11-6

11.1.2 Photoshop中的滤镜

Photoshop中的滤镜多达100余种，其中"滤镜库""镜头校正"和"消失点"滤镜属于特殊滤镜，带子菜单的属于滤镜组，如图11-7所示，如果安装了外挂滤镜，在底部会显示出来。

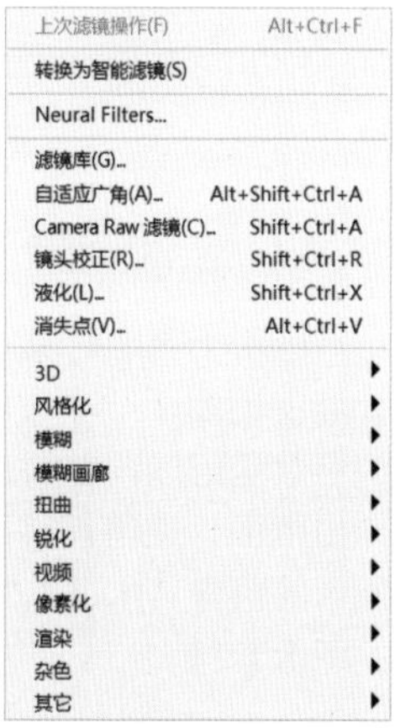

从功能上可以将滤镜分为三大类，分别是修改类滤镜、创造类滤镜和复合类滤镜。修改类滤镜主要用于调整图像的外观，如"扭曲"滤镜、"像素化"滤镜等；创造类滤镜可以脱离原始图像进行操作，如"云彩"滤镜；复合滤镜与前两种差别较大，它包含自己独特的工具，如"液化"滤镜等。

图11-7

11.1.3 滤镜的使用原则与技巧

在使用滤镜时，掌握其使用原则和使用技巧，可以大大提高工作效率。下面是滤镜的一些使用原则与使用技巧。

（1）使用滤镜处理图层中的图像时，该图层

为图像添加滤镜的方法很简单。例如，要为图11-8所示的图像添加一个"油画"滤镜，可以执行"滤镜>滤镜库"菜单命令，打开"艺术效果"中的"木刻"对话框，然后适当调节参数，即可得到图11-9所示的效果。

图11-8

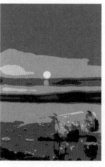

图11-9

必须是可见图层。

（2）如果图像中存在选区，则滤镜效果只应用在选区之内，如图11-10所示（下边存在一个选区）；如果没有选区，则滤镜效果将应用于整个图像，如图11-11所示。

图11-10　　　　　　图11-11

（3）滤镜效果以像素为单位进行计算。因此，在用相同参数处理不同分辨率的图像时，其效果也不一样。

（4）只有"云彩"滤镜可以应用在没有像素的区域，其余滤镜都必须应用在包含像素的区域（某些外挂滤镜除外）。

（5）滤镜可以用来处理图层蒙版、快速蒙版和通道。

（6）在CMYK颜色模式下，某些滤镜不可用；在索引和位图颜色模式下，所有的滤镜都不

可用。如果要对CMYK颜色模式、索引颜色模式的图像和位图图像应用滤镜，可以执行"图像>模式>RGB颜色"菜单命令，将图像颜色模式转换为RGB颜色模式后，再应用滤镜。

（7）应用完一个滤镜以后，"滤镜"菜单下的第一行会出现该滤镜的名称，如图11-12所示。执行该命令或按Ctrl+F组合键，可以按照上一次应用该滤镜的参数配置再次对图像应用该滤镜。另外，按Alt+Ctrl+F组合键可以打开该滤镜的对话框，重新设置滤镜参数。

（8）在任何一个滤镜对话框中按住Alt键，"取消"按钮 [取消] 都将变成"复位"按钮 [复位] ，如图11-13所示。单击"复位"按钮，可以将滤镜参数恢复到默认设置。

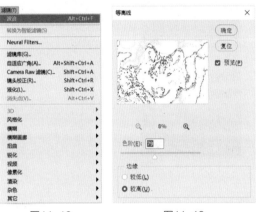

图11-12　　　　　　图11-13

（9）滤镜的顺序对滤镜的总体效果有明显的影响。

（10）在应用滤镜的过程中，要终止处理，可以按Esc键。

（11）在应用滤镜时，通常会弹出该滤镜的对话框或滤镜库，在预览窗口中可以预览滤镜效果，同时可以拖曳图像，以观察其他区域的效果，如图11-14所示。单击□按钮和□按钮可以缩放图像的显示比例。另外，在图像的某个点上

图11-14

单击，在预览窗口中会显示出该区域的效果。

11.1.4　如何提高滤镜性能

在应用某些滤镜时，会占用大量的内存，特别是处理高分辨率的图像，Photoshop的处理速度会更慢。遇到这种情况，可以尝试使用以下3种方法来提高处理速度。

（1）关掉多余的应用程序。

（2）在应用滤镜之前先执行"编辑>清理"菜单下的命令，释放出部分内存。

（3）将计算机内存多分配一些给Photoshop。执行"编辑>首选项>性能"菜单命令，打开"首选项"对话框，然后在"内存使用情况"选项组下将Photoshop的内容使用量设置得高一些，如图11-15所示。

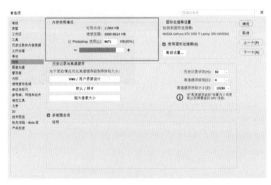

图11-15

11.1.5　智能滤镜

应用于智能对象的任何滤镜都是智能滤镜，智能滤镜属于"非破坏性滤镜"。由于智能滤镜的参数是可以调整的，因此可以调整智能滤镜的作用范围，或将其移除、隐藏等。打开图11-16所示的包含"木瓜""影子"和"背景"3个图层的图像素材。

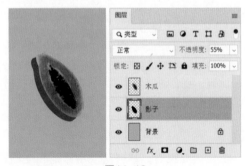

图11-16

要使用智能滤镜，首先需要将普通图层转换为智能对象。在"影子"图层缩略图上单击鼠标

右键，在弹出的快捷菜单中选择"转换为智能对象"命令，如图11-17所示，即可将图层转换为智能对象，如图11-18所示。

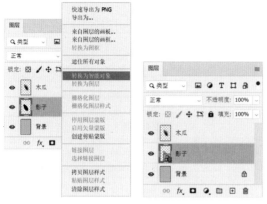

图11-17　　　　　　　图11-18

执行"滤镜>模糊>高斯模糊"菜单命令，调整参数（见图11-19）后对智能对象应用智能滤镜，效果如图11-20所示。

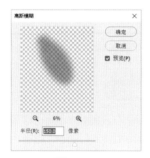

图11-19

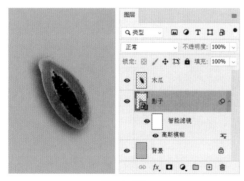

图11-20

如图11-21所示，智能滤镜包含一个类似于图层样式的列表，可以双击这个列表中的滤镜名称随时打开该滤镜的对话框调整参数。比如将添加的"高斯模糊"滤镜的半径设置为60像素，得到图11-22所示的效果。

对于智能滤镜，也可以随时隐藏、停用和删除，如图11-23和图11-24所示。

图11-21

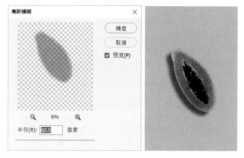

图11-22

图11-23　　　　　　　图11-24

小提示

除了"液化""消失点""场景模糊""光圈模糊""移轴模糊"和"镜头模糊"滤镜以外，其他滤镜都可以作为智能滤镜应用，当然也包含支持智能滤镜的外挂滤镜。另外，"图像>调整"菜单下的"阴影/高光"和"变化"命令也可以作为智能滤镜来使用。

可以像编辑图层蒙版一样用画笔编辑智能滤镜的蒙版，使滤镜只影响部分图像。可以设置智能滤镜与图像的混合模式，双击滤镜名称右侧的 ≤ 图标，可以在弹出的"混合选项"对话框中调节滤镜的"模式"和"不透明度"，如图11-25所示。

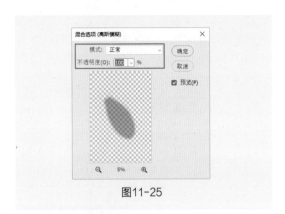

图11-25

11.1.6 滤镜库

滤镜库是一个集合了大部分常用滤镜的对话框，如图11-26所示。在滤镜库中可以对一张图像应用一个或多个滤镜，或对同一个图像多次应用同一个滤镜，还可以使用其他滤镜替换原有的滤镜。

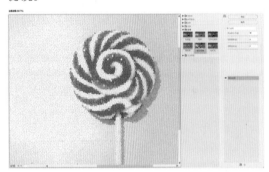

图11-26

"滤镜库"对话框选项介绍

● 效果预览窗口：用来预览应用滤镜后的效果。

● 当前使用的滤镜：如图11-27所示，处于灰底状态的滤镜表示正在使用的滤镜。

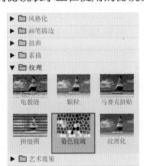

图11-27

● 缩放预览窗口：单击 ⊟ 按钮，可以缩小预览窗口的显示比例；单击 ⊞ 按钮，可以放大预览窗口的显示比例。另外，还可以在缩放列表中选

择预设的缩放比例。

● 显示/隐藏滤镜缩略图 ⊼：单击该按钮，可以隐藏滤镜缩略图，以增大预览窗口，如图11-28所示。

图11-28

● 参数设置面板：单击滤镜组中的一个滤镜，可以将该滤镜应用于图像，同时在参数设置面板中会显示该滤镜的参数选项。

● 新建效果图层 ⊞：单击该按钮，可以新建一个效果图层，在该图层中可以应用一个滤镜。

● 删除效果图层 🗑：选择一个效果图层以后，单击该按钮可以将其删除。

 小提示

滤镜库中只包含一部分滤镜，例如，"模糊"滤镜组和"锐化"滤镜组就不在滤镜库中。

11.2 特殊滤镜的应用

11.2.1 课堂案例：用Camera Raw滤镜给图像调色

实例位置	实例文件>CH11>用Camera Raw滤镜给图像调色.psd
素材位置	素材文件>CH11>素材02.jpg
技术掌握	Camera Raw滤镜的使用

微课视频

本案例主要练习Camera Raw滤镜的使用，除去图像中的灰色并将偏黄的色调调整为偏绿色调，最终效果如图11-29所示。

操作步骤

（1）打开Photoshop，执行"文件>打开"菜单命令，在弹出的对话框中选择"素材文件>CH11>素材02"文件，效果如图11-30所示。

图11-29　　　　　　图11-30

（2）执行"滤镜>Camera Raw滤镜"菜单命令，打开图11-31所示对话框，在右侧"基本"选项栏中设置"白色"和"黑色"参数，如图11-32所示，除去图像中的灰蒙蒙效果，此时图像效果如图11-33所示。

图11-31

图11-32　　　　　　图11-33

（3）在右侧"曲线"选项栏中选择红通道，如图11-34所示，将曲线向下拉，增加图像中的青色；选择绿通道，将曲线向上拉，增加图像中

的绿色；选择蓝通道，将曲线向下拉，增加图像中的黄色；此时图像效果如图11-35所示。

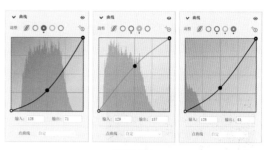

图11-34

图11-35

（4）单击"确定"按钮，最终效果如图11-36所示。

图11-36

11.2.2　Neural Filters 滤镜

图11-37所示的Neural Filters滤镜是Photoshop最近几个版本才更新的一个滤镜，它具有平滑皮肤、调整肖像、迁移妆容、借助AI创建背景纹理和图案、改变季节、转换样式、转移色彩、为场景着色、缩放图像、恢复旧照片等功能。

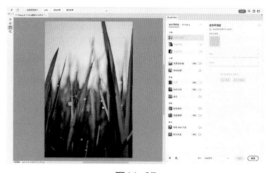

图11-37

1. 激活滤镜

通过3个简单步骤即可开始使用Neural Filters滤镜。

（1）执行"滤镜>Neural Filters"菜单命令，打开对话框，如图11-38所示。

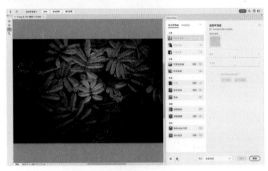

图11-38

（2）从云端下载所需的滤镜。在初次使用滤镜时，滤镜旁边显示云图标表示需要从云端下载，如图11-39所示，比如需要使用"着色"滤镜，只需单击云图标即可下载。

图11-39

（3）单击滤镜的开关按钮，即可启用该滤镜，并使用右侧面板中的选项创建所需的效果，如图11-40所示。

2. Neural Filters 滤镜类别

Neural Filters滤镜有3个类别。

● 精选滤镜：图11-42是已经发布的滤镜，功能齐全且准确，输出结果非常完美。

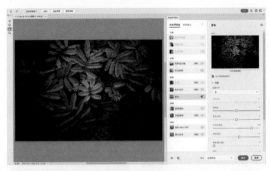

图11-40

💡 **小提示**

如果图像中未检测到人脸，则与肖像相关的滤镜将呈灰色状态，如图11-41所示。

图11-41

● 测试版滤镜：图11-43所示的滤镜虽然已经发布，但是功能还有一些欠缺，滤镜效果仍在改进中，并且输出结果可能不尽如人意。

● 即将推出：图11-44所示的滤镜尚未提供，但可能在不久的将来提供。

3. 输出选项

添加所需滤镜之后，可以通过以下方式输出，如图11-45所示。

图11-42　　　图11-43　　　图11-45

图11-44

●当前图层：将滤镜以破坏性方式应用于当前图层。

●新建图层：将滤镜作为新图层应用。

●新遮罩图层：将滤镜作为具有生成的像素输出蒙版的新图层应用。

●智能滤镜：将当前图层转换为智能对象，并将滤镜作为可编辑的智能滤镜应用。

●新文档：将滤镜作为带有蒙版的新图层应用。

11.2.3 Camera Raw滤镜

Camera Raw滤镜是一个非常重要的修图工具，它的功能基本等同于Lightroom，可以在"属性"面板中编辑基本参数、对干扰因素进行修复、使用蒙版定义要编辑的区域、去除红眼、应用预设等。图11-46为Camera Raw滤镜的对话框。

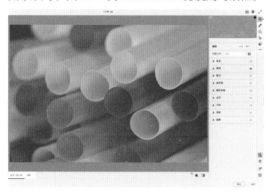

图11-46

1."编辑"选项组

"编辑"选项组如图11-47所示。可以对图像基本参数（色温、色调、曝光、对比度、清晰度、饱和度）、曲线、细节、混色器、颜色分级、光学、几何、效果、校准等一系列参数进行调整。

利用Camera Raw滤镜对图11-48所示图像

图11-47

图11-48

的光影和色彩进行校正。操作时，执行"滤镜>Camera Raw滤镜"菜单命令，打开对话框，如图11-49所示。

图11-49

在"基本"选项栏中调整欠缺的饱和度和自然饱和度，如图11-50所示，在"曲线"选项栏中调整色阶参数，如图11-51所示，单击"确定"按钮，效果如图11-52所示。

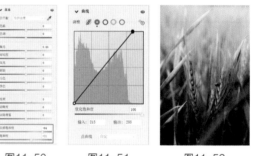

图11-50　　　　图11-51　　　　图11-52

2."修复"选项组

"修复"选项组如图11-53所示。可以在想要修复的区域上拖曳鼠标，或者单击，将图像中的污点、杂物和其他干扰元素去除。

要求利用Camera Raw滤镜，对图11-54所示图像右下角破坏画面构图的图像清除。操作时，执行"滤镜>Camera Raw滤镜"菜单命令，

图11-53

图11-54

打开对话框后选择"修复"选项组，如图11-55所示。

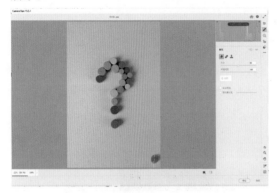

图11-55

在"修复"选项中选择"修复"✎，如图11-56所示，将大小调整为50，然后在图像预览窗口单击鼠标或按下鼠标拖曳即可将干扰元素消除，单击"确定"按钮，效果如图11-57所示。

图11-56　　　　图11-57

3."蒙版"选项组

"蒙版"选项组如图11-58所示。在该选项组中可以使用各种工具编辑图像的任何部分，以定义要编辑的区域。还可使用功能强大的AI工

图11-58

具快速进行复杂的选择。

利用Camera Raw滤镜，只对图11-59所示素材中上半部分稍微欠缺饱和度的天空进行调整。操作时，执行"滤镜>Camera Raw滤镜"菜单命令，打开对话框后选择"蒙版"选项组，如图11-60所示。

图11-59

图11-60

在"蒙版"选项组中选择线性渐变，然后在图像预览窗口中由最上面往中间拖曳鼠标，创建图11-61所示的蒙版，在右侧的"颜色"选项栏中调整饱和度，如图11-62所示，单击"确定"按钮，效果如图11-63所示。

图11-61

4."红眼"选项组

"红眼"选项组如图11-68所示。使用时，只需将鼠标指针放在需要修正的人物和宠物眼睛周围绘制矩形，即可移除不需要的瞳孔反射。

图11-62

图11-63

图11-66   图11-67

图11-68

小提示

如果图像中存在人像，如图11-64所示，则Photoshop会智能识别出人像，单击人像，软件会给人像部分创建蒙版，如图11-65所示。

并且可以单独选择面部皮肤、身体皮肤、眉毛、眼睛巩膜、虹膜和瞳孔、唇、牙齿、头发和衣服创建蒙版，如图11-66所示，比如单独选择眉毛可得到图11-67所示的眉毛蒙版。

图11-64

图11-65

5."预设"选项组

"预设"选项组如图11-69所示。"预设"选项组包括自适应、人像、肖像、风格、季节、主题等各类预设好的调整效果，使用时只需用鼠标单击选择，即可为图像添加所需的预设。

利用Camera Raw滤镜，对图11-70所示的图像添加秋季的色调。操作时，执行"滤镜>Camera Raw滤镜"菜单命令，打开对话框后选择"预设"选项组，如图11-71所示。

图11-69   图11-70

图11-71

在"预设"选项中选择图11-72所示的预设，单击"确定"按钮，效果如图11-73所示。

图11-72

图11-73

小提示

拖曳图11-74所示的滑块，可以减少或者增加预设效果。

图11-74

11.2.4 液化

"液化"滤镜是修饰图像和创建艺术效果的强大工具，其使用方法比较简单，但功能却相当强大，可以创建推、拉、旋转、扭曲和收缩等变形效果，并且可以修改图像的任何区域（"液化"滤镜只能应用于8位/通道或16位/通道的图像）。执行"滤镜>液化"菜单命令，打开"液化"对话框，如图11-75所示。

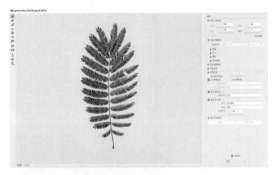

图11-75

小提示

由于"液化"滤镜支持硬件加速功能，因此如果没有在首选项中开启"使用图形处理器"选项，则Photoshop会弹出一个"液化"提醒对话框，如图11-76所示，提醒用户是否需要开启"使用图形处理器"选项，单击"确定"按钮可以继续应用"液化"滤镜。

图11-76

1. "液化"对话框各种工具介绍

"液化"对话框（见图11-77）左侧的工具可以在按住鼠标左键并拖曳鼠标时扭曲画笔区域。扭曲集中在画笔区域的中心，且其效果随着按住鼠标左键或在某个区域中重复拖曳鼠标而增强。

图11-77

● 向前变形工具 ：在拖曳时向前推像素。对于图11-78所示的素材，向右推动火龙果右侧，效果图如图11-79所示。

图11-78　　　　　图11-79

使用"液化"对话框中的变形工具在图像上单击并拖曳鼠标即可进行变形操作，变形集中在画笔的中心。

● 重建工具 ✔：按住鼠标左键并拖曳鼠标时可恢复变形的图像。比如将图11-80所示的用向前变形工具在变形过的火龙果扭曲位置按住鼠标左键并拖曳鼠标，即可恢复图像原来的状态，如图11-81所示。

图11-80　　　　　　　图11-81

● 顺时针旋转扭曲工具 ✿：按住鼠标左键并拖曳鼠标可顺时针旋转像素，使图像产生旋转效果。要逆时针旋转像素，请按住Alt键后再按住鼠标左键或拖曳鼠标。在图11-82所示的花朵上按下鼠标左键，得到图11-83所示的效果。

图11-82　　　　　　　图11-83

● 褶皱工具 ✿：按住鼠标左键并拖曳鼠标时使像素朝着画笔区域的中心移动，使图像产生内缩效果。在图11-84所示的狐狸眼睛部位单击鼠标左键，即可得到图11-85所示的效果。

● 膨胀工具 ◈：按住鼠标左键并拖曳鼠标使像素朝着离开画笔区域中心的方向移动，使图像

图11-84　　　　　　　图11-85

产生向外膨胀的效果。如图11-86所示，在小动物眼睛部位单击鼠标左键，即可得到图11-87所示的效果。

图11-86　　　　　　　图11-87

● 左推工具 ✺：当向下拖曳鼠标时，像素向右移动；当向上拖曳鼠标时，像素向左移动；按住Alt键并向上拖曳鼠标时，像素向右移动；按住Alt键并向下拖曳鼠标时，像素向左移动。也可以围绕对象顺时针拖曳以增加其大小，或逆时针拖曳以减小其大小。在图11-88所示的花瓶上，向下拖曳鼠标，即可得到图11-89所示的效果。

图11-88　　　　　　　图11-89

● 冻结蒙版工具 ✐：按住鼠标左键并拖曳，被拖曳的区域将被冻结，防止更改这些要保护区域的像素。冻结区域将被使用冻结蒙版工具 ✐绘制的蒙版覆盖。扭曲图11-90所示的素材时不想影响右边的花束，按下鼠标绘制即可，如图11-91所示，对图像其他位置扭曲时，绘制区域内的像素不会被修改。

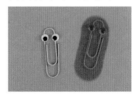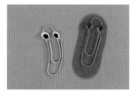

图11-90　　　　　　　图11-91

● 解冻蒙版工具 ✐：在被冻结区域上按住鼠标左键并拖曳，该区域内的像素将被解冻，恢复到可以被操作状态。如图11-92所示，在已经有被冻结区域的素材中按下鼠标左键并拖曳即可解冻所拖曳的区域，如图11-93所示。

图11-92　　　　　图11-93

● 脸部工具 🧑：打开具有人脸的图像，执行"滤镜>液化"菜单命令后，选择脸部工具 🧑，系统将自动识别照片中的人脸，如图11-94所示。将鼠标指针悬停在脸部时，Photoshop会在脸部周围显示直观的屏幕控件。调整控件可对脸部做出调整。例如，可以放大眼睛或者缩小脸部宽度。

图11-94

💡 小提示

打开具有多个人脸的图像，如图11-95所示，图像中的人脸会被自动识别，且其中一个人脸会被选中。所有被识别的人脸都会在"属性"面板"人脸识别液化"区域中的"选择脸部"列表中列出来，可以在画布上单击人脸或从"选择脸部"列表中选择不同的人脸，如图11-96所示。

图11-95

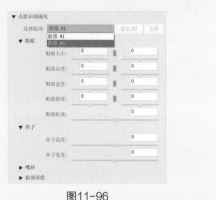

图11-96

● 缩放工具 🔍：放大或缩小预览图像。有图11-97所示的素材，在"液化"对话框中选择缩放工具 🔍，在预览图像中单击或拖曳鼠标即可放大素材，如图11-98所示；按住Alt键，然后在预览图像中单击或拖曳鼠标可以缩小素材。另外，可以在对话框底部的"缩放"文本框中指定放大级别。

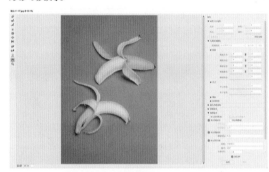

图11-97

图11-98

● 抓手工具 🖐️：在预览图像中导航。有图11-99所示素材，在"液化"对话框中选择抓手工具 🖐️，在预览图像中拖曳鼠标可观察超出预览窗口的图像部分，如图11-100所示。在选择了任何工具时按住空格键，然后在预览图像中拖曳鼠标也可以达到同样的效果。

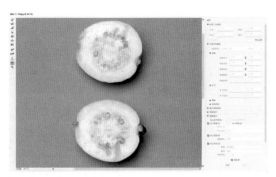

图11-99

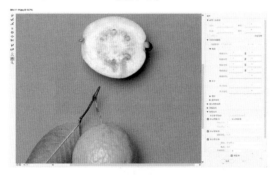

图11-100

2.“液化”对话框中的“属性”面板

“液化”对话框右侧是“属性”面板，可以在“属性”面板中进行设置画笔、调整人脸、载入网格、选择蒙版模式、选择视图模式等操作，如图11-101所示。

图11-101

● **画笔工具选项**：该选项组下的参数主要用来设置当前使用工具的各种属性，如图11-102所示。

● **画笔大小**：设置将用来扭曲图像的画笔的大小。

图11-102

● **画笔密度**：控制画笔如何在边缘羽化。产生的效果是：画笔的中心最强，边缘处最轻。

● **画笔压力**：控制画笔在图像中拖曳时产生扭曲的速度。使用低画笔压力可减慢更改速度，因此更易于在恰到好处的时候停止。

● **画笔速率**：控制画笔在按下鼠标保持静止时扭曲所应用的速度。该值设置得越大，应用扭曲的速度就越快。

● **光笔压力**：使用光笔绘图板中的压力读数（只有在使用光笔绘图板时，此选项才可用）。勾选“光笔压力”复选框后，工具的画笔压力为光笔压力与“画笔压力”值的乘积。

● **人脸识别液化**：该选项组下的参数主要用来设置图像中人脸的眼睛、鼻子、嘴唇和脸部形状，如图11-103所示，它能够有效修饰肖像照片、制作漫画，并进行更多操作。

图11-103

 小提示

“人脸识别液化”功能最适合处理面朝相机的面部特征。为获得最佳效果，请在应用设置之前旋转任何倾斜的脸部。

● **载入网格选项**：使用网格可帮助查看和跟踪扭曲。可以设置网格的大小和颜色，也可以存储某个图像中的网格并将其应用于其他图像。图

11-104为未显示网格的图像要显示网格，在对话框的"视图选项"区域中选择"显示网格"，然后可以选择网格大小和网格颜色，如图11-105所示。

图11-104

图11-105

● 蒙版选项：当图像中已经有一个选区、设置了不透明度或创建了蒙版时，会在打开"液化"对话框时保留该信息。

可以选择只在预览图像中显示现用图层，也可以在预览图像中将其他图层显示为背景。使用"模式"选项，可以将背景放在现用图层的前面或后面，以便跟踪您所做的更改，或者使某个扭曲与其他图层中的另一个扭曲保持同步。

● "重建"按钮 重建(L)... ：用来设置重建方式。"恢复全部"按钮 恢复全部(A) ：单击该按钮，可以取消所有变形效果。

11.2.5 风格化

"风格化"滤镜通过置换像素和查找并增加图像的对比度，在选区中生成绘画或印象派的效果。在使用"查找边缘"和"等高线"等滤镜突出显示边缘的滤镜后，可应用"反相"命令用彩色线条勾勒彩色图像的边缘或用白色线条勾勒灰度图像的边缘。

1. 油画

"油画"滤镜允许将图像转换为具有经典油画视觉效果的图像。借助几个简单的滑块，可以调整描边样式的数量、画笔比例、描边清洁度和其他参数。为图11-106所示的素材添加"油画"滤镜只需执行"滤镜>风格化>油画"菜单命令，即可得到图11-107所示的效果。

图11-106

图11-107

2. 查找边缘

"查找边缘"滤镜用显著的转换标识图像的区域，并突出边缘。"查找边缘"滤镜用相对于白色背景的黑色线条勾勒图像的边缘，这对生成图像周围的边界非常有用。为图11-108所示的素材添加"查找边缘"滤镜只需执行"滤镜>风格化>查找边缘"菜单命令，即可得到图11-109所示的效果。

图11-108

图11-109

3. 等高线

"等高线"滤镜查找主要亮度区域的转换并为每个颜色通道淡淡地勾勒主要亮度区域的转

换，以获得与等高线图中的线条类似的效果。为图11-110所示的素材添加"等高线"滤镜只需执行"滤镜>风格化>等高线"菜单命令，即可得到图11-111所示的效果。

图11-110

图11-111

4. 风

"风"滤镜在图像中放置细小的水平线条来获得风吹的效果，方法包括"风"、"大风"（用于获得更生动的风效果）和"飓风"（使图像中的线条发生偏移）。为图11-112所示的含有两个图层的素材添加"风"滤镜只需执行"滤镜>风格化>风"菜单命令，即可得到图11-113所示的效果。

图11-112

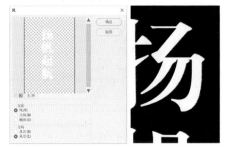

图11-113

再多执行几次"风"滤镜，得到图11-114所示的效果。

图11-114

5. 浮雕效果

"浮雕效果"滤镜通过将选区的填充色转换为灰色，并用原填充色描边，从而使选区显得凸起或压低。选项包括浮雕角度（-360度～+360度，-360度使表面凹陷，+360度使表面凸起）、高度和选区中颜色数量的百分比（1%～500%）。要在进行浮雕处理时保留颜色和细节，请在应用"浮雕效果"滤镜之后使用"渐隐"命令。为图11-115所示的素材添加"浮雕效果"滤镜只需执行"滤镜>风格化>浮雕效果"菜单命令，即可得到图11-116所示的类似化石的效果。

图11-115

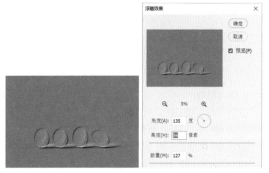

图11-116

6. 拼贴

"拼贴"滤镜将图像分解为一系列拼贴，使选区偏离原来的位置。可以执行下列对象之一填充拼贴之间的区域：背景色、前景色、反向图像或未改变的图像，它们使拼贴的版本位于原版本之上并露出原图像中位于拼贴边缘下面的部分。为图11-117所示的素材添加"拼贴"滤镜只需执行"滤镜>风格化>拼贴"菜单命令，即可得到图11-118所示的效果。

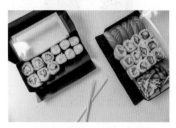
图11-117

图11-118

7. 查找边缘

混合负片和正片图像，类似于显影过程中将摄影照片短暂曝光。为图11-119所示的素材添加"查找边缘"滤镜只需执行"滤镜>风格化>查找边缘"菜单命令，即可得到图11-120所示的效果。

图11-119

图11-120

8. 凸出

"凸出"滤镜赋予选区或图层一种3D纹理效果。为图11-121所示的素材添加"凸出"滤镜只需执行"滤镜>风格化>凸出"菜单命令，即可得到图11-122所示的效果。

图11-121

图11-122

11.2.6 模糊

"模糊"滤镜柔化选区或整个图像，这对于修饰图像非常有用。它通过平衡图像中已定义的线条和遮蔽区域的清晰边缘旁边的像素，使变化显得柔和。

1. 表面模糊

"表面模糊"滤镜在保留边缘的同时模糊图像。此滤镜用于创建特殊效果并消除杂色或粒度。有图11-123所示的含有两个相同图层的花朵素材，想突出中间花朵的部分。

图11-123

选择"图层1"，执行"滤镜>模糊>表面模糊"菜单命令，设置参数如图11-124所示，即可得到图11-125所示的模糊效果。其中，"半径"选项指定模糊取样区域的大小，"阈值"选项控制相邻像素色调值与中心像素值相差多大时才能成为模糊的一部分。

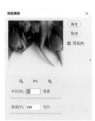

图11-124　　　　　　　　图11-125

因为图像中的所有像素都被模糊了，所以给"图层1"添加一个白色蒙版，然后用黑色画笔将中间花朵的部分效果擦出来，即可得到图11-126所示的周围模糊，中间清晰，中间花朵部分被突出的效果。

图11-126

"表面模糊"滤镜处理后的皮肤会失去原有的细节和质感，这里只是讲解表面模糊原理，针对具体的人像皮肤，后期有很多处理皮肤质感的方法。

2.动感模糊

"动感模糊"滤镜沿指定方向（-360度~+360度）以指定强度（1~999）进行模糊。此滤镜的效果类似于以固定的曝光时间给一个移动的对象拍照。有图11-127所示的含有两个图层的素材，给背景图层添加"动感模糊"滤镜。

图11-127

选择背景图层，执行"滤镜>模糊>动感模糊"菜单命令，设置参数如图11-128所示，即可得到图11-129所示的模糊效果。

图11-128　　　　　　图11-129

3.高斯模糊

"高斯模糊"滤镜使用可调整的量快速模糊选区。高斯是指当Photoshop将加权平均应用于像素时生成的钟形曲线。"高斯模糊"滤镜添加低频细节，并产生一种朦胧效果。有图11-130所示的含有3个图层的素材，给"影子"图层添加"高斯模糊"滤镜模仿真实的影子。

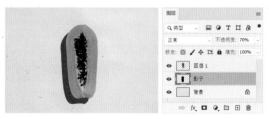

图11-130

对"影子"图层执行"滤镜>模糊>高斯模糊"菜单命令，设置参数如图11-131所示，即可得到图11-132所示的影子效果。

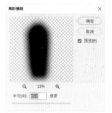

图11-131　　　　　　图11-132

为了使"影子"更自然，在"图层"面板将"影子"图层的不透明度调整为50%，如图11-133所示，即可得到图11-134所示的影子效果。

图11-133　　　　　　图11-134

4.径向模糊

"径向模糊"滤镜缩放或旋转的相机产生的模糊，产生一种柔化的模糊。在图11-135所示的"径向模糊"对话框中选中"旋转"，沿同心圆环线模糊，然后指定旋转的度数。选中"缩放"，

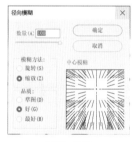

图11-135

沿径向线模糊，好像是在放大或缩小图像，然后指定1~100值。模糊的品质范围从"草图"到"好"和"最好"："草图"产生最快但为粒状的结果，"好"和"最好"产生比较平滑的结果，除非在大选区上，否则看不出这两种品质的区别。拖曳"中心模糊"框中的图案，指定模糊的原点。

对图11-136所示的素材按Ctrl+Alt+2组合键调出图11-137所示的高光区域，然后按Ctrl+J组合键将高光区域复制一层得到"图层1"。

对"图层1"执行"滤镜>模糊>径向模糊"菜单命令，设置参数如图11-138所示，即可得到图11-139所示的光线效果。

图11-136　　　　　　图11-137

图11-138　　　　　　图11-139

11.2.7　模糊画廊

使用"模糊画廊"滤镜,可以通过直观的图像控件快速创建截然不同的照片模糊效果。每个模糊工具都提供直观的图像控件来应用和控制模糊效果。Photoshop可在用户使用"模糊画廊"滤镜时提供完全尺寸的实时预览。执行"滤镜>模糊画廊"菜单命令,然后选择所需的具体滤镜即可,如图11-140所示。

图11-140

1. 模糊效果

在图11-141所示的选项卡右侧,可以指定散景参数以确保获得令人满意的整体效果。在图11-142所示的"效果"面板中,"光源散景"会加亮图像中不在焦点上的区域或模糊区域;"散景颜色"会将更鲜亮的颜色添加到尚未达到白色的加亮区域;"光照范围"设置影响的色调范围。

图11-141

2. 恢复模糊区域中的杂色

如图11-143所示,有时候在应用"模糊画廊"滤镜之后,用户可能会注意到图像的模糊区域看起来不太自然,这时可以通过选项卡右侧的"杂色"面板,给这些区域添加杂色或颗粒,以使其外观更为逼真,效果如图11-144所示。

图11-142

图11-143　　　　　　图11-144

在图11-145所示的"杂色"面板中,"数量"将杂色数量与图像非模糊区域中的杂色相匹配;"大小"控制杂色的颗粒大小;"粗糙度"控制颗粒的匀称性;"颜色"控制杂色的上色度;"高光"控制图像高光区域中的杂色。

图11-145

3. 场景模糊

"场景模糊"滤镜通过定义具有不同模糊量的模糊点来创建渐变的模糊效果。也可以将多个图钉添加到图像,并指定每个图钉的模糊量,最终结果是合并图像上所有模糊图钉的效果。甚至可以在图像外部添加图钉,以对边角应用模糊效果。对图11-146所示的素材执行"滤镜>模糊画廊>场景模糊"菜单命令,打开图11-147

图11-146

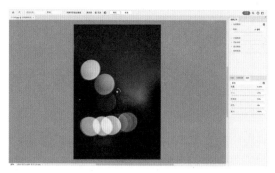

图11-147

所示的"场景模糊"选项卡。

　　拖曳模糊句柄可以增加或减少模糊（也可以使用"模糊工具"面板指定模糊值），将模糊值拖曳到80像素，如图11-148所示，即可得到图11-149所示的模糊效果。

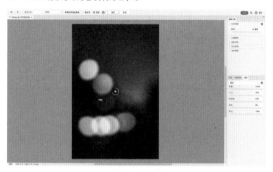

图11-148

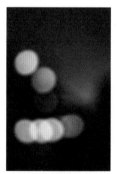

图11-149

4.光圈模糊

　　使用"光圈模糊"滤镜对图像模拟浅景深效果。也可以定义多个焦点，这是使用传统相机技术几乎不可能实现的效果。对图11-150所示的素材执行"滤镜>模糊画廊>光圈模糊"菜单命令，打开图11-151所示的"光圈模糊"选项卡。

　　拖曳图钉周围模糊句柄可以增加或减少模糊，拖曳图钉周围的控制点可以控制模糊范围和模糊过度，调整模糊区域控制点并将模糊值拖曳到18像素，如图11-152所示，即可得到图11-153所示的模糊后景深效果。

图11-150

图11-151

图11-152

图11-153

5.移轴模糊（倾斜偏移）

　　使用"移轴模糊"滤镜会对图像模拟倾斜偏移镜头拍摄效果，此特殊的模糊效果会定义锐化区域，然后在边缘处逐渐变得模糊。对图所示的11-154素材执行"滤镜>模糊画廊>移轴模糊"菜单命令，打开图11-155所示的"移轴模糊"选项卡。

　　拖曳图钉周围模糊句柄增加或减少模糊，拖曳线条定义锐化区域、渐隐区域和模糊区

图11-154

域。调整线条并将模糊值拖曳到40像素，如图11-156所示，即可得到图11-157所示的效果，视觉上感觉右边的叶子模糊，左边的叶子清晰，空间上感觉右边的叶子在前方，左边的叶子在后方的景深效果。

图11-155

图11-156

图11-157

 小提示

对于图11-158所示的镜头模糊，按M键可以查看模糊蒙版应用于图像的情况，如图11-159所示，黑色区域未被模糊，而较亮的区域表示应用于图像的模糊量。

图11-158

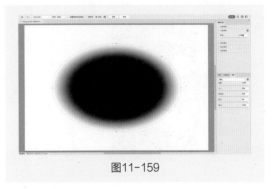

图11-159

6. 路径模糊

使用"路径模糊"滤镜可以沿路径创建运动模糊。有图11-160所示的含有背景图层和"图层1"两个图层的素材，选择"图层1"，执行"滤镜>模糊画廊>路径模糊"菜单命令，打开图11-161模糊的"路径"选项卡。

图11-160

图11-161

拖曳图像控件可定义模糊路径方向，并在"路径模糊"选项卡中调整速度滑块为350%，指定要应用于图像的路径模糊量，如图11-162所示，即可得到图11-163所示的模糊效果。

图11-162

图11-163

11.2.8 扭曲

1. 极坐标

扭曲滤镜包括波浪、波纹、极坐标、挤压、切变、球面化、水波、旋转扭曲、置换等滤镜，本节主要介绍"极坐标"和"球面化"两个滤镜。

使用"极坐标"滤镜可以创建圆柱变体。在图11-164所示的"极坐标"对话框中选中"平面坐标到极坐标"单选按钮，原素材顶部会下凹，而底边和两侧边会上翻；选择"极坐标到平面坐标"单选按钮，原素材图像底边会上凸，顶边和两侧边会下翻。

图11-164

利用"极坐标"滤镜将图11-165所示的图像处理成一个封闭环境。操作时，执行"图像>图像大小"菜单命令，打开"图像大小"对话框，如图11-166所示，单击"不约束长宽比"图标，设置长宽如图11-167所示，效果如图11-168所示。

图11-165

图11-166

图11-167

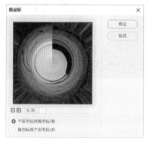

图11-168

执行"滤镜>扭曲>极坐标"菜单命令，打开"极坐标"对话框，如图11-169所示，选中"平面坐标到极坐标"单选按钮，效果如图11-170所示。

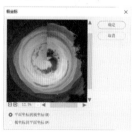
图11-169

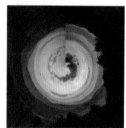
图11-170

按Ctrl+J组合键将图像复制一层，如图11-171所示，执行"编辑>自由变换"菜单命令，将复制的"图层1"调整到图11-172所示的位置，然后给"图层1"添加蒙版，用画笔工具对图像交界处进行修饰，效果如图11-173所示。

图11-171

图11-172

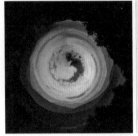

图11-173

选择仿制图章工具取样后，在图像四角进行修补，然后用裁剪工具对图像进行裁剪，效果如图11-174所示。

2. 球面化

使用"球面化"滤镜可以创建逼真的球面扭曲纹理。利用"球面化"滤镜对图11-175所示的素材创建一个鱼眼视角。

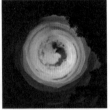

图11-174

执行"滤镜>扭曲>球面化"菜单命令，打开"球面化"对话框，设置参数如图11-176所示，单击确定按钮，即可得到图11-177所示的效果。

图11-175

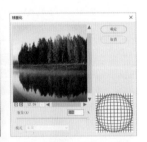

图11-176

图11-177

11.2.9 渲染

渲染滤镜包括火焰、图片框、树、分层云彩、光照效果、镜头光晕、纤维、云彩等滤镜，本节主要介绍"光照效果"和"镜头光晕"两个滤镜。

1. "光照效果"滤镜

使用"光照效果"滤镜可以在RGB图像上产生无数种光照效果。使用时，执行"滤镜">"渲染">"光照效果"菜单命令，打开图11-178所示的选项卡。从左上角的"预设"菜单中可以选择各种光照样式，如图11-179所示。添加光照样式后，在选项卡右侧可以调整光照颜色和聚光，可以通过着色填充整体光照、通过光泽确定表面反射光照的程度、通过金属质感确定哪个反射率更高、通过环境使光照如同与室内的其他光照（如日光或荧光）相结合一样。

图11-178

图11-179

💡 小提示

"光照效果"滤镜仅适用于Photoshop中的8位RGB图像，必须有受支持的显卡才能使用光效。

2. "镜头光晕"滤镜

"镜头光晕"滤镜可以模拟亮光照射到相机镜头所产生的折射，常用来表现玻璃或者金属反

图11-180

射的反射光。图11-180为"镜头光晕"对话框。

利用"镜头光晕"滤镜为图11-181所示的图像添加光晕效果。操作时，执行"滤镜>转换为智能滤镜"菜单命令，将图像转化成智能对象，如图11-182所示。然后执行"滤镜>渲染>镜头光晕"菜单命令，打开"镜头光晕"对话框，设置参数如图11-183所示，单击"确定"按钮，效果如图11-184所示。

图11-181

图11-182

图11-183

图11-184

💡 小提示

将素材转化成"智能滤镜"后，可以随时在原有滤镜的基础上进行修改。

课后习题

• "液化"滤镜修饰人像

实例位置	实例文件>CH11>操作练习："液化"滤镜修饰人像.psd	
素材位置	素材文件>CH11>素材03.jpg	 微课视频
技术掌握	"液化"滤镜的使用	

"液化"滤镜主要对图像局部进行收缩、推拉、扭曲、旋转等变形操作，在人像后期处理中应用非常广泛。本案例主要练习"液化"滤镜的使用，对图11-185所示的素材进行液化，修饰出图11-186所示的效果。

图11-185   图11-186

（1）打开Photoshop，执行"文件>打开"菜单命令，在弹出的对话框中选择"素材文件>CH11>素材03.jpg"文件，打开素材。

（2）按Ctrl+J组合键将背景图层复制一层，得到"图层1"，为了便于后期随时修改，执行"滤镜>转换为智能滤镜"菜单命令，将"图层1"转换成图11-187所示的智能对象。

图11-187

（3）执行"滤镜>液化"菜单命令，打开图11-188所示的"滤镜"选项卡。

（4）按Ctrl++组合键放大图像，如图11-189所示，选择向前变形工具，调整画笔的大小为"400"左右，压力为"100"左右。

图11-188

图11-189

在液化过程中，画笔大小随时灵活调整。

（5）先对素材人脸进行调整，在"人脸识别液化"选项组中调整"眼睛""鼻子""嘴唇"和"脸部形状"参数，如图11-190所示，得到图11-191所示的效果。

（6）在图像窗口中拖到鼠标由边缘向内部拖拉（多次进行），对人像的肩膀和胳膊进行图11-192所示的调整。在调整过程中需要注意肩膀和胳膊的曲线，切勿一次性调整太大，导致图像出现突兀和不和谐的问题。图11-193中的虚像部分是原有图像，实像部分是液化后的图像。

图11-190

图11-191

图11-192

图11-193

（7）对素材腰腹进行调整，效果如图11-194所示。

图11-194

（8）用同样的方法处理素材的腿部，效果如图11-195所示。

（9）处理完局部后，按Ctrl+-组合键缩小图像观察图11-196所示的图像整体，对有问题的部分再次进行调整。

图11-195

小提示

先整体液化，再局部液化，整体液化时，选择较大的画笔，压力适中，局部液化时，选择较小的画笔，压力适中。

（10）操作完成后，单击"液化"选项卡右下角的"确定"按钮，即可得到图11-197所示的效果。

图11-196

图11-197

第12章 综合案例

本章导读

本章将利用前 11 章所学的内容，进行综合案例展示。

本章学习要点

- AI 插件 Firefly 智能生成填充
- 电商首页设计
- 电商详情页设计

12.1 模特图像智能扩展与调整

实例位置	实例文件>CH12>模特图像智能扩展与调整.psd
素材位置	素材文件>CH12>素材05.jpg
技术掌握	智能生成

微课视频

本案例以模特图像为例，利用AI插件Firefly智能生成，扩展画面，并调整模特的发型长短、服饰类型、服饰颜色等细节。

操作步骤

（1）打开Photoshop，执行"文件>打开"菜单命令，在弹出的对话框中选择"素材文件>CH12>素材05"文件，效果如图12-1所示。要求将素材背景调整成长宽3∶2横版，并将素材中模特的黑色裙子填充成牛仔裤。

图12-1

（2）将背景素材扩展成长方形，选择裁剪工具，在选项栏中设置"比例"为2∶3（4∶6），"填充"为"生成式扩展"，如图12-2所示。

图12-2

（3）对素材四周进行拖曳，得到图12-3所示的效果。

（4）按Enter键，图像窗口出现图12-4所示的进度条。

图12-3

图12-4

（5）等进度条的完成度为100%后，得到图12-5所示的效果，至此，完成对素材背景的扩展填充。

（6）将模特的黑色裙子填充成牛仔裤，选择矩形选框工具，在模特裙子位置拖曳鼠标创建图12-6所示的选区。

图12-5　　　　　图12-6　　　　　　　图12-10　　　　　图12-11

（7）在上下文任务栏中单击"创成式填充"按钮，并输入"牛仔裤"的英文"jeans"，如图12-7所示，接着在上下文任务栏中单击"生成"按钮，图像窗口中出现图12-8所示的进度条。

图12-7

图12-8

（8）等生成进度条的完成度为100%后，得到图12-9所示的效果。如果对生成的效果图不满意，则可以继续单击"生成"按钮，Photoshop会继续完成一次智能生成，再次生成3张效果图。

图12-9

（9）从"属性"面板中的3张效果缩略图中选择图12-10或图12-11所示的比较自然的一张。如果对生成的效果图不满意，则可以继续单击"生成"按钮，Photoshop会继续完成一次智能生成，再次生成3张效果图。如果还不满意，则可以继续单击"生成"按钮，直到满意为止。

12.2　电商首页设计

实例位置	实例文件>CH12>电商首页设计.psd
素材位置	素材文件>CH12>素材06.jpg~素材32.jpg
技术掌握	电商首页设计方法

微课视频

　　本案例主要学习利用文字工具、矢量工具和"剪贴蒙版"等知识制作电商首页的方法。电商首页一般由背景、banner、优惠券、产品分类和产品展示等部件构成，本案例最终效果如图12-12所示。

　　（1）打开"素材文件>CH12>素材06.jpg"文件，如图12-13所示。

图12-12　　　图12-13

（2）根据7.3.1小节所学的知识，创建电商banner，效果如图12-14所示。

图12-14

（3）创建优惠券，选择矩形工具，在选项栏中选择"类型"为"形状"，填充颜色为暗红色（R：186，G：28，B：49），如图12-15所示，在图像窗口中拖曳鼠标，创建宽高为390像素×260像素的矩形，如图12-16所示，并将该矩形所在图层重命名为"优惠券背景"。

图12-15

图12-16

（4）选择矩形工具，在选项栏中选择"类型"为"形状"，填充颜色为深红色（R：165，G：33，B：36），在图像窗口中拖曳鼠标，创建宽高为70像素×260像素的矩形，如图12-17所示，将该矩形所在图层重命名为"优惠券背景"。

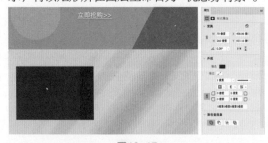

图12-17

（5）选择横排文字工具，设置字体为方正小标宋简体，字号为35点，颜色为白色（R：255，G：255，B：255），如图12-18所示，然后输入文字"立即领取"，"图层"面板同时得到"立即领取"文字图层，如图

图12-18

12-19所示。

（6）选择横排文字工具，设置字体为Adobe黑体 Std，字号为26点，颜色为白色，然后输入文字"全场满299元使用"，如图12-20所示。

图12-19

图12-20

（7）执行同样的操作，输入数字20，如图12-21所示。

（8）输入"¥"符号，如图12-22所示。

图12-21

图12-22

（9）选择除背景图层和banner组以外的所有图层，按Ctrl+G组合键编组，并将该组重命名为"优惠券模板1"，如图12-23所示。

图12-23

（10）使用同样的方式，创建其他3个优惠券模板，之后将4个优惠券模板编组，并重命名为"优惠券"，如图12-24所示。

图12-24

（11）创建商品分类，选择矩形工具，在选项栏中选择"类型"为"形状"，填充颜色为褐色（R：117，G：88，B：88），描边颜色为暗红色（R：165，G：33，B：36），描边宽度为1像素，如图12-25所示。在图像窗口中拖曳鼠标，创建宽高为300像素×395像素的矩形，如图12-26所示，并将该矩形所在图层重命名为"分类背景"。

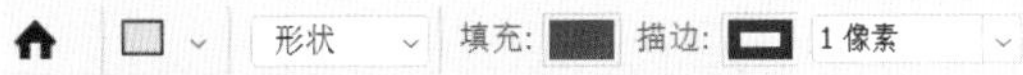

图12-25

图12-26

（12）选择矩形工具，在选项栏中选择"类型"为"形状"，填充颜色为深红色（R：186，G：28，B：49），在图像窗口中拖曳鼠标，创建宽高为300像素×110像素的矩形，如图12-27所示，并将该矩形所在图层重命名为"红色背景"。

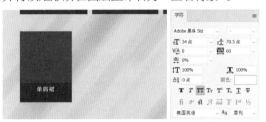

图12-27

（13）选择横排文字工具，设置字体为Adobe 黑体 Std，字号为34点，颜色为白色（R：255，G：255，B：255），然后输入文字"单肩裙"，如图12-28所示。

（14）选择矩形工具，在选项栏中选择"类

型"为"形状"，填充颜色为白色（R：255，G：255，B：255），在图像窗口中拖曳鼠标，创建宽高为140像素×25像素的矩形，如图12-29所示，并将该矩形所在图层重命名为"查看背景"。

图12-28

图12-29

（15）选择横排文字工具，设置字体为Adobe 黑体 Std，字号为18点，颜色为红色（R：186，G：28，B：49），然后输入文字"点击查看>>"，如图12-30所示，"图层"面板同时得到"点击查看>>"文字图层。

图12-30

（16）选择"分类背景"图层，如图12-31所示，然后打开"素材文件>CH12>素材07.jpg"文件，如图12-32所示。

图12-31　　　　图12-32

（17）选择移动工具，将素材07拖曳到"分类背景"图层中，并按Ctrl+T组合键调整素材07的大小及位置，如图12-33所示。

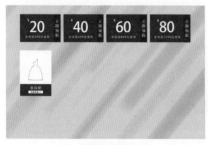

图12-33

（18）按Alt+Ctrl+G组合键创建剪贴蒙版，效果如图12-34所示。

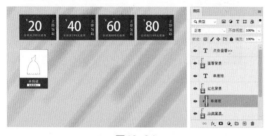

图12-34

（19）选择除背景图层、banner组及"优惠券"组以外的所有图层，按Ctrl+G组合键编组，并将该组重命名为"分类模板1"，如图12-35所示。

（20）载入素材08~素材11，使用同样的方式，创建其他4个分类模板，如图12-36所示。

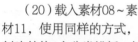

图12-35

图12-36

（21）创建"产品展示"版块，先创建"热卖爆款"版块。选择横排文字工具，设置字体为华文琥珀，字号为110点，颜色为深红色（R：165，G：33，B：36），然后输入文字"热/卖/爆/款"，如图12-37所示。

（22）选择横排文字工具，设置字体为Adobe黑体 Std，字号为36点，深红色（R：165，G：

33，B：36），然后输入文字HOT SELLING STYLE，如图12-38所示。

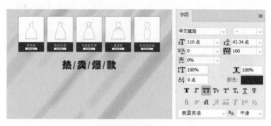

图12-37

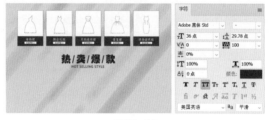

图12-38

（23）选择直线工具，在选项栏中选择"类型"为"形状"，描边颜色为深红色（R：165，G：33，B：36），如图12-39所示。在图像窗口中拖曳鼠标，创建宽为549像素的直线，如图12-40所示。

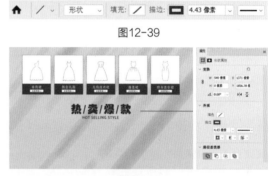

图12-39

图12-40

（24）使用同样的方式，创建其他3条直线，如图12-41所示。

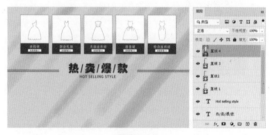

图12-41

（25）选择横排文字工具，设置字体为Adobe黑体 Std，字号为36点，颜色为深红色（R：165，G：33，B：36），然后输入文字"查看更多款式

图12-42

>>",如图12-42所示。

（26）选择除背景图层、
banner组、"优惠券"组及"产
品分类"组以外的所有图
层，按Ctrl+G组合键编组，
并将该组重命名"热卖爆款
标题"，如图12-43所示。

图12-43

（27）选择矩形工具，在选项栏中选择"类
型"为"形状"，填充颜色为#555968（R：85，
G：89，B：104），在图像窗口中拖曳鼠标，创
建宽高为780像素×1200像素，圆角半径为45像
素的圆角矩形，如图12-44所示，并将该图层重
命名为"模板1"。

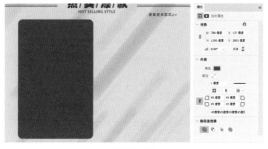

图12-44

（28）选择横排文字工具，设置字体为Adobe
黑体 Std，字号为27点，颜色为深红色（R：165，
G：33，B：36），然后输入文字"RMB:"，如图
12-45所示。

图12-45

（29）选择横排文字工具，设置字体为Adobe
黑体 Std，字号为55点，颜色为深红色（R：165，
G：33，B：36），然后输入文字399，如图12-46
所示。

（30）选择矩形工具，在选项栏中选择"类
型"为"形状"，填充颜色为深红色（R：165，G：

33，B：36），在图像窗口中拖曳鼠标，创建宽高
为155像素×35像素的矩形，如图12-47所示。

图12-46

图12-47

（31）选择横排文字工具，设置字体为Adobe
黑体 Std，字号为22点，颜色为白色（R：255，
G：255，B：255），然后输入文字"立即查看
>>"，如图12-48所示。

图12-48

（32）选择和价格相关的4个图层，按Ctrl+G
组合键编组，并将该组重命名为"价格"，如图
12-49所示。

（33）在"图层"面板选择"模板1"图层，
如图12-50所示。

图12-49　　　　图12-50

（34）打开"素材文件>CH12>素材12.jpg"
文件，如图12-51所示。然后根据前面所学知识
"AI插件Firefly智能生成填充"和"调色"等知
识对素材进行修饰，比如利用AI插件Firefly智

能生成填充补全产品图像、利用AI插件Firefly智能生成填充所需产品素材、利用AI插件Firefly智能生成填充调整素材、利用调色命令对素材光影或色彩进行调整等操作。图12-52所示为调整后的素材文件。

图12-51   图12-52

（35）选择移动工具，将"热卖爆款素材1"拖曳到"模板1"图层上，并调整该图层的大小及位置，如图12-53所示。

图12-53

（36）按Alt+Ctrl+G组合键创建剪贴蒙版，效果如图12-54所示。

图12-54

（37）选择除价格组素材图层模板1图层，按Ctrl+G组合键编组，并将该组重命名为"模板1"，如图12-55所示。

（38）使用同样的方式，创建其他5个模板，如图12-56所示。

图12-55

图12-56

（39）载入素材13~素材17，使用同样的方式制作模板，如图12-57所示。

（40）选择"热卖爆款标题"组及"模版1"组~"模版6"组，按Ctrl+G组合键编组，并将该组重命名为"热卖爆款"，如图12-58所示。

图12-57   图12-58

（41）载入素材18~素材26，使用相同的方式，创建"新品上市"版块，如图12-59所示。

（42）载入素材27~素材32，创建"掌柜推荐"版块，如图12-60所示。

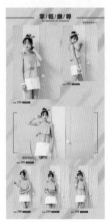

图12-59   图12-60

（43）按Ctrl+Shift+S组合键保存，效果如图12-61所示。

图12-61

12.3 产品详情页设计

实例位置	实例文件>CH12>电商详情页设计.psd
素材位置	素材文件>CH12>素材33.jpg~素材49.jpg
技术掌握	产品详情页设计方法

微课视频

本案例主要学习利用文字工具、矢量工具及"剪贴蒙版"等知识制作电商详情页的方法。产品详情页一般由背景、首焦、产品信息、产品尺码、产品实拍和产品细节等部分构成，本案例最终效果如图12-62所示。

（1）打开Photoshop，按Ctrl+N组合键新建文件，设置相应的宽度和高度，如图12-63所示，单击"创建"按钮，如图12-64所示。

图12-62

图12-63

图12-64

（2）选择矩形工具，在选项栏中选择"类型"为"形状"，填充颜色为灰色#4b4b4b（R：75，G：75，B：75），如图12-65所示，在图像窗口中拖曳鼠标，创建宽高为1700像素×2430像素的矩形，并将该矩形所在图层重命名为"首焦模板"（首焦也叫第一屏），如图12-66所示。

图12-65

图12-66

（3）根据前面所学的"AI插件Firefly智能生成填充"和"调色"等知识对后面步骤所需素材进行修饰。比如利用AI插件Firefly智能生成填充补全产品图像、利用AI插件Firefly智能生成填充所需产品素材、利用AI插件Firefly智能生成填充调整素材、利用调色命令对素材光影或色彩进行调整等操作。处理好素材后，打开"素材文件>CH12>素材33.jpg"文件，如图12-67所示。

图12-67

（4）选择移动工具，将首焦素材拖曳到"首焦模板"图层上，并调整首焦素材的大小及位置，如图12-68所示。

图12-68

（5）按Alt+Ctrl+G组合键创建剪贴蒙版，效果如图12-69所示。

图12-69

（6）选择"首焦素材"图层和"首焦模板"图层，按Ctrl+G组合键编组，并将该组重命名为"首焦"，如图12-70所示。

（7）选择横排文字工具，设置字体为黑体，字号为75点，颜色为灰色（R：75，G：75，B：75），然后输入文字"产品信息"，如图12-71所示。

图12-70

图12-71

（8）选择横排文字工具，设置字体为Adobe黑体 Std，字号为35点，颜色为灰色（R：128，G：128，B：128），然后输入文字COMMODITY INFORMATION，如图12-72所示。

图12-72

（9）选择直线工具，在选项栏中选择"类型"为"形状"，填充颜色为灰色（R：128，G：128，B：128），描边颜色为灰色（R：128，G：128，

B：128），描边大小为5像素，如图12-73所示，在图像窗口中拖曳鼠标，创建直线形状，如图12-74所示，并将该图层重命名为"产品信息条纹1"。

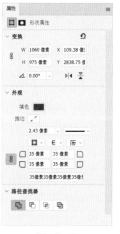

图12-73

图12-74

（10）选择直线工具，使用同样的方式，创建另一条条纹，如图12-75所示。

图12-77　　　　图12-78

图12-79

（15）按Alt+Ctrl+G组合键创建剪贴蒙版，效果如图12-80所示。

图12-75

（11）选择最上面的4个图层，按Ctrl+G组合键编组，并将该组重命名为"产品信息标题"，如图12-76所示。

图12-80

（16）选择横排文字工具，设置字体为黑体，字号为44点，颜色为灰色（R：67，G：68，B：72），然后输入所需文字，如图12-81所示。

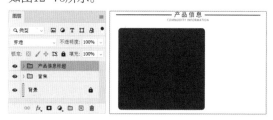

图12-76

（12）选择矩形工具，在选项栏中选择"类型"为"形状"，填充颜色为#4b4b4b（R：75，G：75，B：75），然后在图像窗口中拖曳鼠标，创建宽高为1060像素×975像素，圆角半径为35像素的圆角矩形，如图12-77所示。

（13）打开"素材文件>CH12>素材34.jpg"文件，如图12-78所示。

（14）选择移动工具，将产品信息素材拖曳到"产品信息模板"图层上，并调整该图层的大小及位置，如图12-79所示。

图12-81

（17）选择除背景图层和"首焦"组以外的所有图层和组，按Ctrl+G组合键编组，并将该组重命名为"产品信息"，如图12-82所示。

图12-82

（18）使用步骤（7）～步骤（11）制作"产品信息标题"相似的方法，创建"产品尺码标题"组，如图12-83所示。

图12-83

（19）选择直线工具，在选项栏中选择"类型"为"形状"，描边颜色为灰色（R：228，G：228，B：228），如图12-84所示，在图像窗口中拖曳鼠标，创建直线形状，如图12-85所示，并将该直线所在图层重命名为"产品信息底纹"。

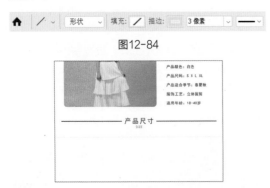

图12-84

图12-85

（20）按Ctrl+J组合键将刚才创建的"形状1"图层复制一层，然后选择移动工具，将它拖曳到图12-86所示的位置。

（21）使用同样的方式再复制几次该形状图层，然后放置在图12-87所示的位置。

图12-86　　　　图12-87

（22）选择横排文字工具，设置字体为Adobe黑体 Std，字号为44点，颜色为黑色（R：0，G：0，B：0），然后输入所需文字，如图12-88所示。

图12-88

（23）选择横排文字工具，设置字体为Adobe黑体 Std，字号为40点，颜色为黑色（R：0，G：0，B：0），然后输入所需文字，如图12-89所示。

图12-89

（24）使用同样的方法输入"胸围""腰围""裙长"和"体重"，如图12-90所示。

（25）选择除背景图层、"首焦"组及"产品信息"以外的所有图层和组，然后将其编组，并将该组重命名为"产品尺码"，如图12-91所示。

图12-90　　　　图12-91

（26）使用步骤（7）～步骤（11）制作"产品信息标题"相似的方法，创建"产品实拍标题"组，如图12-92所示。

图12-92

（27）选择矩形工具，在选项栏中选择"类型"为"形状"，填充颜色为#4b4b4b（R：75，G：75，B：75），然后在图像窗口中拖曳鼠标，创建图12-93所示的宽高为1020像素×1635像素，圆角半径为45像素的圆角矩形，并将生成的图层重命名为"模板1"。

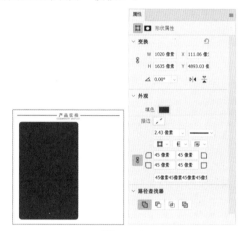

图12-93

（28）打开素材35.jpg文件，如图12-94所示。

（29）选择移动工具，将素材35拖曳到"实拍模板1"图层上，调整素材35的大小及位置，如图12-95所示，并将该图层重命名为"产品素材1"。

图12-94

图12-95

（30）按Alt+Ctrl+G组合键创建剪贴蒙版，

如图12-96所示。

图12-96

（31）选择模板和产品素材图层，按Ctrl+G组合键编组，并将该组重命名为"模板1"，如图12-97所示。

（32）使用同样的方式，创建其他5个模板，如图12-98所示。

（33）使用同样的方式，载入素材36～素材40，如图12-99所示。

图12-97　　　　图12-98　　　　图12-99

（34）选择矩形工具，在选项栏中选择"类型"为"形状"，描边颜色为#9b8b73（R：155，G：139，B：115），如图12-100所示然后在图像窗口中拖曳鼠标，创建图12-101所示的宽高为330像素×330像素的矩形，并将生成的图层重命名为"方形背景1"。

图12-100

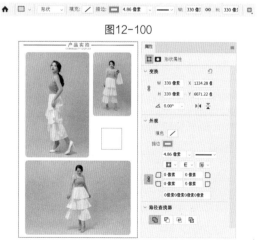

图12-101

（35）选择横排文字工具，设置字体为Adobe黑体Std，字号为48.61点，颜色为#9b8b73（R：155，G：139，B：115），然后输入所需文字，如图12-102所示。

图12-102

（36）使用同样的方式，创建图12-103所示的"方形背景2"和文字图层。

图12-103

（37）选择2个方形背景图层和2个文字图层，然后编组，并将该组重命名为"修饰组"，如图12-104所示。

（38）选择"产品实拍标题"组、"模板1"组、"模板2"组、"模板3"组、"模板4"组、"模板5"组、"模板6"组和"修饰"组，然后编组，并将该组重命名为"产品实拍"，如图12-105所示。

图12-104   图12-105

（39）载入素材41～素材45，使用相同的方式，创建"产品细节"版块，如图12-106所示。

（40）按Ctrl+Shift+S组合键，将图像保存为.jpg格式，即可得到如图12-107所示的效果。

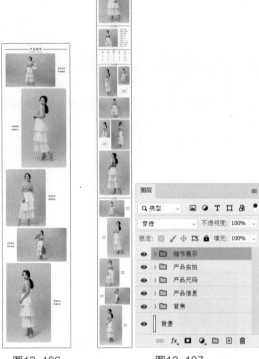

图12-106   图12-107